情绪修复力

柳夏 —— 编著

北京联合出版公司
Beijing United Publishing Co.,Ltd.

图书在版编目（CIP）数据

情绪修复力 / 柳夏编著 . — 北京：北京联合出版公司 , 2025. 2. — ISBN 978-7-5596-8215-4

Ⅰ . B842.6-49

中国国家版本馆 CIP 数据核字第 20242X6X44 号

情绪修复力

编　　著：柳　夏
出 品 人：赵红仕
责任编辑：周　杨
封面设计：韩　立
内文排版：吴秀侠

北京联合出版公司出版
（北京市西城区德外大街 83 号楼 9 层　100088）
德富泰（唐山）印务有限公司印刷　新华书店经销
字数 150 千字　720 毫米 ×1020 毫米　1/16　10.5 印张
2025 年 2 月第 1 版　2025 年 2 月第 1 次印刷
ISBN 978-7-5596-8215-4
定价：46.00 元

版权所有，侵权必究

未经书面许可，不得以任何方式转载、复制、翻印本书部分或全部内容。
本书若有质量问题，请与本公司图书销售中心联系调换。电话：（010）58815874

PREFACE

前言

情绪，是人类内心对外部世界的直接反应，是人类感知世界的重要方式。它既能让人感受到爱与快乐，又能让人陷入沮丧与困扰。

随着社会的不断发展和进步，人们的生活节奏越来越快，竞争压力越来越大，加之各种错综复杂的人际关系需要处理，让人焦虑烦躁、身心疲惫不堪。你是否会因为别人的一句话想上一整天？你是否会因为对方的一个脸色辗转反侧一整夜？……其实，人类大部分的痛苦都是自己"想出来的"。长期的负面情绪，会对身体健康和心理健康造成不良影响。

当一个人情绪失落时，会对美好的事物视而不见；当一个人怒火中烧时，会因口不择言而伤害他人；当一个人紧张恐惧时，会因逃避而遭遇失败……压垮人的往往不是事，而是面对事情的情绪。一个人的情绪状态，直接决定其生活境况。世界上绝大部分的内耗，并不是因为发生了什么痛苦的事，而是受控于自身的认知局限。同一件事，由于想法和认知不同，会引起完全不同的情绪。坏的情绪，会让生活一团糟。而有好的情绪，才会有好的人生。

情绪修复力就像一座堡垒，可以帮助人们摆脱困境，重新回到平静的状态。情绪修复力越强的人，越能在生活中保持坚定与乐观的心态；越能以更加积极的心态去面对挑战，书写属于自己的精彩篇章。

如果你抑郁，说明你活在过去；如果你焦虑，说明你活在未来；如果你平静，才说明你活在当下。人生的意义，在于取悦自己。不要反反复复地在焦虑、纠结、痛苦、恐惧、迷茫中来回切换，好好打扫心居，让它不染纤尘，永远勃勃生机，永远有馨香一束。

"心平能愈三千疾，心静可通万事理。"编者从生活中常见的不良情绪出发，有针对性地进行讲解，并提出高效且实用的情绪修复法则，教人们少在烂事上纠缠，少为不值得的人生气，保持平常心，拥有阳光心态，才能更好地前行。

花有花期，人有时运，怀爱与诚，静待来日。不论别人如何待你，都要珍视自己。在自己的世界里独善其身，在别人的世界里顺其自然。人生就是一场修行，唯有向心而行，才能在漫长的岁月里不慌不忙、淡然从容。余生，走好自己的路，守好自己的心，活出自己的精彩。

CONTENTS 目录

第一章 生活不在别处，当下即是全部

要事第一 / 2

找到最重要的事情 / 4

一次做好一件事 / 5

不要为了小利益而放弃大梦想 / 7

只做适合自己的事 / 8

不轻言放弃 / 10

第二章 简单生活，净化圈子

拒绝不必要的社交活动 / 14

尽量消除干扰 / 15

控制闲聊的欲望 / 16

不要围着吃饭打转 / 17

停止"过度"的人际关系 / 20

利用语音信箱过滤电话 / 21

巧妙说"不" / 22

不要随便把手机号码给别人 / 23

第三章 做好断舍离，越活越轻松

不低头看昨天，才能抬头迎明天 / 26
学会放弃，生活才更容易 / 28
扔掉多余的东西 / 29
忘记怨恨 / 30
不抱怨，才能过得更好 / 32
贪婪面前请止步 / 33
不攀比的人生才是自己的人生 / 34
跳出名利场 / 36
做个人生清理 / 38
跳出忙碌的圈子，丢掉过高的期望 / 39
给爱一条生路 / 41

第四章 问话有术，回话有招

高效沟通很重要 / 44
沟通从倾听开始 / 45
努力提升沟通能力 / 47
沟通可以化解矛盾 / 50
沟通促成理解 / 53
沟通帮助达成目标 / 54
用恰当的方式说恰当的话 / 57
要不耻"下问"，更要乐于"上问" / 61
语言简洁明了，切忌喋喋不休 / 62
尝试着驾驭话题 / 64

第五章　在自己的节奏里，走好每一步

知道自己要去哪儿，全世界都会为你让路 / 68

有了方向，人生才不迷茫 / 70

天大地大，总有适合你的路 / 72

停下匆匆的脚步，倾听内心的声音 / 73

目标的高度决定人生的高度 / 75

用自己的脚走自己的路 / 78

选择自己的生活 / 81

正确的方向比努力更重要 / 82

不艳羡他人，坚守自己的目标 / 85

多个目标＝没有目标 / 87

成功源于一颗渴望成功的心 / 89

选自己心中所想，而不是他人所说 / 92

第六章　时间不可停留，所以没必要伤春悲秋

合理管理自己的时间 / 96

善于利用零碎时间 / 98

做一个守时的人 / 100

压缩你的工作清单 / 102

恰当而合理的时间预算 / 103

充分利用好最佳时间 / 105

改掉浪费时间的习惯 / 107

珍惜每一分钟 / 111

浪费时间就是挥霍生命 / 112

做时间的主人 / 113

努力提高效率 / 114

第七章　转变思维，解锁人生更多可能

换个思路，重新出发 / 118

换个角度看问题 / 119

让积极思考成为习惯力量 / 121

只要仔细观察分析，就不难找出事物间的联系 / 123

根据问题逐步思考，问题就可以轻易解决 / 124

抓住关键问题，困难才会迎刃而解 / 125

第八章　专注于心，执着于行

不再四处救火，你必须拥有专注力 / 128

排除一切干扰，专注地投入其中 / 130

争取一次就把事情做到位 / 132

越简单，越高效 / 135

切忌"眉毛胡子一把抓" / 137

第九章　终结拖延症，成就更好的自己

时不待我，不要拖延 / 140

重拾行动力，克服拖延症 / 142

解决问题，让问题到此为止 / 143

让"快速行动"成为一种习惯 / 145

不要让"借口"毁了你 / 147

设立明确的"完成期限" / 149

以"当日事，当日毕"为标准 / 151

远离那些懒散的"家伙" / 153

不因害怕失败而拖延 / 155

第一章

生活不在别处，当下即是全部

要事第一

要事第一是高效能人士一个十分重要的习惯，区分正确地做事与做正确的事是要事第一的核心思想，其内涵是我们在做事的过程中，做正确的事要比正确地做事更加重要。的确，如果我们的选择一开始就是错误的，那么，无论过程多完美也不会有什么好的结果。

创设遍及全美的市务公司的亨瑞·杜哈提说，不论他出多少薪水，都不可能找到一个具有两种能力的人。这两种能力是：第一，能思想；第二，能按事情的重要程度来做事。因此，在工作中，如果我们不能选择正确的事情去做，那么唯一正确的事情就是停止手头上正在做的事情，直到发现正确的事情为止。由此可见，做事的方向性是至关重要的。然而，在现实生活中，无论是企业的商业行为，还是个人的工作方法，人们关注的重点往往都在于效率和正确做事。

实际上，第一重要的却是效能而非效率，是做正确的事而非正确做事。"正确地做事"强调的是效率，其结果是让我们更快地朝目标迈进；"做正确的事"强调的则是效能，其结果是确保我们的工作是在坚定地朝着自己的目标迈进。换句话说，效率重视的是做一项工作的最好方法，效能则重视时间的最佳利用——这包括做或是不做某一项工作。

"正确地做事"是以"做正确的事"为前提的，如果没有这样的前提，"正确地做事"将变得毫无意义。首先要做正确的事，然后才存在正确地做事。正确地做事，更要做正确的事，这不仅仅是一个重要的工作方法，更是一种很重要的工作理念。任何时候，对于任何人或者组织而言，"做正确的事"都要远比"正确地做事"重要。

正确地做事与做正确的事是两种截然不同的工作方式。正确地做事就是一味地完成既定的步骤，而不顾及目标能否实现，是一种被动的、机械的工作方式。工作只对上司负责，对流程负责，领导叫干啥就干啥，一味服从，处于一种被动的工作状态。在这种状态下工作的人往往不思进取，患得患失，不求有功，但求无过，做一天和尚撞一天钟，混着过日子。

而做正确的事不仅注重程序，更注重目标，是一种主动的、能动的工作方式。工作对目标负责，做事有主见，善于创造性地开展工作。这样做事的人积极主动，在工作中能紧紧围绕公司的目标，为实现公司的目标而发挥个人的能动性，在制度允许的范围内，进行变通，努力促成目标的实现。

这两种工作方式的根本区别在于：前者只对过程负责，后者既对过程负责又对结果负责；前者等待工作，后者是主动地工作。同样的时间，这两种不同的工作方式产生的区别是巨大的。

卡尔森钢铁公司总裁查理·卡尔森，为自己和公司的低效率而忧虑，于是去找效率专家史蒂芬·柯维寻求帮助，希望他能够提供一套思维方法，告诉自己如何在短时间内完成更多的工作。

史蒂芬·柯维说："好！我10分钟就可以教你一套至少提高一半效率的最佳方法。把你明天必须要做的最重要的工作记下来，按重要程度编上号码。最重要的排在首位，以此类推。早上一上班，马上从第一项工作做起，一直做到完成为止。然后用同样的方法对待第二项工作、第三项工作……直到你下班为止。即使你花了一整天的时间才完成第一项工作，也没关系。只要它是最重要的工作，就坚持做下去。每一天都要这样做。在你对这种方法的价值深信不疑之后，让你公司的人也这样做。这套方法你愿意试多久就试多久，然后给我寄张支票，并填上你认为合适的数字。"

卡尔森认为这个思维方式很有用，不久就填了一张 25 000 美元的支票给史蒂芬·柯维。卡尔森后来坚持使用史蒂芬教授教给他的那套方法，5 年后，卡尔森钢铁公司从一个鲜为人知的小钢铁厂一跃成为强大的不需要外援的钢铁生产企业。卡尔森常对朋友说："我和整个团队坚持找最重要的事情先做，我认为这是我的公司多年来最有价值的一笔投资！"

找到最重要的事情

你应该找到那件最重要、最关键的事情，去做好它，而不是被纷繁芜杂的假象所蒙蔽，因小失大，酿成祸患。

有一个笑话，说的是一对馋嘴的夫妻一起分吃 3 个饼，你一个，我一个，最后还剩下一个，两人互不相让，于是决定从现在起都不说话，谁坚持的时间长，就能得到最后一个饼。

两人面对面坐下，果然都不开口。到了晚上，一个盗贼溜进屋里，看见夫妻俩，先是有点害怕，但看他们毫无反应，就放心大胆地搜罗起财物来。盗贼将他们家中稍微值钱点的东西一件一件地搬出门去，妻子心里虽然着急，看丈夫一动不动，便只好继续忍耐。盗贼有恃无恐，干脆连最后一个米缸也搬走了，妻子再也坐不住了，高声叫喊起来，并恼怒地对丈夫说："你怎么这样傻啊！为了一个饼，眼看着有贼也不理会。"

丈夫立刻高兴地跳了起来，拍着手笑道："啊，蠢货！你最先开口讲的话，这个饼属于我了。"

在这个笑话中，这一对愚蠢的夫妇就是没有找到最重要的事情，因小失大，闹出了笑话。当两人打赌争饼时，遵守赌约、闭口不言是双方最重要的事。可是，当盗贼进屋盗窃财物时，如何联手赶走盗贼，保护家中财产，则成为新的最重要的事，而此时赌饼约定已经不再重要。此时此刻，夫妇二人就应该抓住最重要的事，齐心协力，抓住盗贼，保护财产。然而，夫妇二人因为牢记赌约，对盗贼不予理睬，而让盗贼有了可乘之机，将财物盗走，从而丧失了抓贼的大好时机，为了一个饼失去了全部财产。

古人常说："射人先射马，擒贼先擒王。"想问题、办事情，就是应该牢牢抓住最主要的问题，不能主次不分，因小失大。在实际工作中，我们也必须弄清当时当地客观存在的最重要的问题是什么，从而采取正确的解决方法，以收到事半功倍的效果。

英国前首相撒切尔夫人对抓住重点有深刻而简洁的见解。有人问她："在日理万机的情况下还能照顾好家庭，你的秘诀是什么？"她回答："把要做的事情按轻重缓急一条一条列下来，积极行动，做好之后，再一条一条删下去就成了！"

真理是朴素的，也是容易被忽视的。加强计划，抓住重点，积极突破，带动一般，这就是各个领域普遍适用的重要方法，也是常被忽视的重要方法。

一次做好一件事

一次做好一件事，是高效能人士获取成功不可或缺的一个习惯。只有当你一心一意去做每一件事情时，才能把它做好。

李果是一家广告公司的文案创意人员。一次，一个著名的洗衣粉制造商委托李果所在的公司做产品广告宣传，负责这个广告创意的好几位同事拿出的方案都不能令制造商满意。没办法，经理让李果把手中的事务先搁几天，专心把这个创意文案完成。

连着几天，李果在办公室里抚弄着一整袋洗衣粉，心想："这个产品在市场上已经非常畅销了，他们以前的许多广告词也非常富有创意。那么，我该从哪个角度入手才能突破，做出一个与以往不同又令人眼前一亮的广告创意呢？"

有一天，她在苦思之余，把手中的洗衣粉袋放在办公桌上，又翻来覆去地看了几遍，突发奇想：把这袋洗衣粉打开看一看。于是她找了一张报纸铺在桌面上，然后，撕开洗衣粉袋，倒出了一些洗衣粉，一边用手搓着这些粉末，一边轻轻嗅着气味，寻找感觉。

在射进办公室的阳光的照耀下，她发现了洗衣粉的粉末间遍布着一些微小的蓝色晶体。仔细看了一番后，证实的确不是自己的眼睛看花了。她便立刻起身，跑到制造商那儿问这到底是什么东西。得知这些蓝色晶体是"活力去污因子"，因为有了它们，这一次新推出的洗衣粉才具有了超强洁净的功效。

了解了情况后，李果回去便从这一点下手，推出了非常成功的广告方案。广告播出后，产品的销量急速攀升。

相反，一个人从事某项工作，如果不能全神贯注，不能集中精力，就很容易出差错。

在亚特兰大举行的薛塔奇10千米长跑比赛，其赞助者是健怡可口可乐公司。为了促销产品，健怡可口可乐的商标显著地展示在比赛申请表格、媒体、T恤衫比赛号码上。

比赛当天早上，大会的荣誉总裁比利格站在台上说："我们很高兴有这么多的参赛者，同时特别感谢我们的赞助商健怡百事可乐。"站在比利格背后的可口可乐公司代表极为愤怒："是健怡可口可乐，白痴！"超过1000位参赛者一片哗然……

当时比利格感到万分羞辱和懊悔。他事后说："我知道是可口可乐，但是我当时分心走神了，结果出了洋相，给人留下话柄，可口可乐公司也对我不满。就是在那要命的一天，我知道了专注的重要性。"

比利格的教训告诉我们，一个人如果不集中注意力做一件事，不管他的工作能力有多强，都无法做好当下的工作。

不要为了小利益而放弃大梦想

亨利从小家里就很穷，但是家里却充满了爱和关心。所以，他是快乐而有朝气的。他知道，不管一个人有多穷，他仍然可以做自己的梦。

他的梦想就是运动。他在16岁的时候，就能够压碎一只棒球，能够以每小时90英里的速度扔出一个快球，并且撞在足球场上移动着的任何一件东西上。他的高中教练是奥利·贾维斯，贾维斯不仅相信亨利，而且还教他怎样自己相信自己。他让亨利知道：拥有一个梦想和足够的自信，会使自己的生活有怎样的不同。

贾维斯教练对亨利所做的一件特殊的事情，永远地改变了他的生活。

那是在亨利从低年级升入高年级的那个夏天，一个朋友推荐他去做一份暑期工。这是一个意味着他的口袋里会有钱的机会。当然，有钱还可以买新自行车和新衣服，还意味着可以开始存钱为他的母亲买一座房子。这份夏日的工作对他来说是极具诱惑力的，这使他高兴得跳了起来。

接着，他意识到如果他去做这份工作，就必须放弃暑假的棒球训练，那意味着他必须得告诉贾维斯教练他不能去打球了。他害怕这一点。当他把这件事告诉贾维斯教练的时候，教练真的像他预料的一样生气了。

"你还有一生的时间可以去工作，"教练说，"但是，你练球的日子是有限的，你根本浪费不起！"

亨利低着头站在教练面前，努力想向他解释，为了那个替他的妈妈买一座房子和口袋里有钱的梦想，即使让教练对他失望，他认为也是值得的。

"孩子，你做这份工作能挣多少钱？"教练问道。

"每小时 3.5 美元。"

教练继续问道："你认为，一个梦想就值一小时 3.5 美元吗？"

这个问题，简单得不能再简单了，它摆在亨利的面前，让他看到了立刻想得到的某些东西和树立一个目标之间的不同之处。亨利最终放弃了那份暑期工。

那年暑假，亨利全身心地投入到棒球训练中去，同一年，他被匹兹堡海盗队挑选去做队员，并与他们签订了一份 2 万美元的合约。后来，他在亚利桑那州的州立大学里获得了棒球奖学金，那使他获得了接受教育的机会。在全美国的后卫球员中，他两次被公众认可。

后来，亨利与丹佛野马队签署了 170 万美元的合同。他终于为他的母亲买了一座房子，实现了他的梦想。

只做适合自己的事

很多成功人士都有这样的经历：从早先的工作中解脱出来去做适合自己的事而取得了更大的成就。

福勒制刷公司的创办人阿尔佛·雷德就是一个典型的例子。阿尔福·雷德出身于穷苦的农场家庭，工作似乎与他无缘，两年中他虽然努力认真，却丢了三份工作。而自从接触了制刷这一行后，他才发现他是多么不喜欢以前的那几份工作，而那些工作对他而言又是多么不合适。

刚开始，雷德销售刷子，就有一个感觉：他会把这份销售工作做得很出色。因为他喜爱这份工作，所以他把自己所有精力集中于从事世界上最好的销售工作。

雷德成了一名成功的销售员。他又立下自己的目标：创办自己的公司。这个目标十分适合他的个性。他停止了为别人销售刷子，这时候他比过去任何时候都高兴。

他在晚上制造自己的刷子，第二天又把刷子卖出去。销售额开始上升时，他租了一栋旧房子，雇用一名助手为他制造刷子，他本人则专注于销售。

这个曾经失去三份工作的人，最终成立了自己的福勒制刷公司，并拥有几千名销售员和数百万美元的年收入。

拿破仑·希尔认为，你的工作选择如果很对自己的兴趣，那么你就很容易获得成功。因为从某种意义上来说，一个人特别感兴趣的工作就是适合他自己的工作。

许多年前，莱斯曾在一家大公司工作，担任地区副总裁的行政助理。

公司里大多数职员平日都是一副西装笔挺的富有人士形象，只有意大利人汤姆例外，他好像从来都不修边幅。汤姆看上去总是像刚从码头上干完活儿回来的。

要不是亲眼看见他摆弄公司里的电脑，你肯定认为他是在加油站或快餐店上班，是那种靠通俗歌曲和啤酒打发日子的家伙。

汤姆也认为自己属于那种其貌不扬的精英类型，尽管他与其他职员穿着一样的蓝条纹制服，可看上去就是不像样子，但汤姆所具有的洞察力却是莱斯所少见的。

有一次，汤姆突然对莱斯说："你不该待在这儿。你跟这儿格格不入。"

"你这是什么意思？"莱斯问。虽然有点儿生气，但汤姆的话却引起了莱斯极大的兴趣。

"你懂我的意思，"汤姆说，"你有开拓能力，你喜欢与人打交道，为何非在这鬼地方浪费你的时间和天才，整天写什么部门材料、预算报告？"

莱斯永远忘不了汤姆这些富有见地的话，正是这些话使莱斯清醒过来。

从那时起，莱斯的心里就不断重复着这样的想法：我正在不属于自己的位子上从事着不适合自己的工作。

后来，莱斯按汤姆的建议辞去了工作，开始做些更有意义的尝试。

从那家公司出来以后，莱斯创办了自己的公司。

现在，莱斯拥有许多过去无法想象的商业机会，经济上更为成功。

如果莱斯还在那家公司做职员的话，这一切都是无法想象的。

同样，一个人要成为一名高效能人士，首先要像莱斯和雷德一样，找到适合自己的事，并全力以赴地做好它，只有这样，才能在事业上取得突出的成就。

不轻言放弃

赛勒斯·菲尔德先生退休的时候已经积攒了一大笔钱，然而他突发奇想，想在大西洋的海底铺设一条连接欧洲和美国的电缆。随后，他就开始全身心地推动这项事业。前期基础性的工作包括建造一条1000英里（1英里约为1.6千米）长、从纽约到纽芬兰岛圣约翰的电报线路。纽芬兰400英里长的电报线路要从人迹罕至的森林中穿过，所以，要完成这项工作不仅包括建一条电报线路，还包括建一条同样长的公路。此外，还包括穿越布雷顿角全岛共440英里长的线路，再加上铺设跨越圣劳伦斯海峡的电缆，整个工程十分浩大。

菲尔德使尽浑身解数，总算从英国政府那里得到了资助。然而，他的方案在议会上遭到了强烈的反对，在上院仅以一票的优势获得多数通过。

随后，菲尔德的铺设工作就开始了。电缆一头搁在停泊于塞瓦斯托波尔港的英国旗舰"阿伽门农"号上，另一头放在美国海军新造的豪华护卫舰"尼亚加拉"号上。不过，就在电缆铺设到5英里的时候，它突然被卷到了机器里面，被弄断了。

菲尔德不甘心，进行了第二次试验。在这次试验中，在铺到200英里长的时候，电流突然中断了，船上的人们在甲板上焦急地徘徊。就在菲尔德先生即将命令割断电缆、放弃这次试验时，电流突然又神奇地出现了，一如它神奇地消失一样。夜间，船以每小时4英里的速度缓缓航行，电缆的铺设也以每小时4英里的速度进行。这时，轮船突然发生了一次严重倾斜，制动器紧急制动，不巧又割断了电缆。

但菲尔德并不是一个容易放弃的人。他又订购了700英里长的电缆，而且还聘请了一个专家，请他设计一台更好的机器，以完成铺设任务。后来，英美两国的科学家联手把机器赶制出来。最终，两艘军舰在大西洋上会合了，电缆也接上了头；随后，两艘船继续航行，一艘驶向爱尔兰，另一艘驶向纽芬兰，结果它们都把电缆用完了。两船分开不到3英里，电缆断开了；再次接上后，两船继续航行，到了相隔8英里的时候，电流没有了。电缆第三次接上后，铺了200英里，在距离"阿伽门农"号20英尺（1英尺约为0.3米）处又断开了，两艘船最后不得不返回到爱尔兰海岸。

参与此事的很多人都泄了气，公众舆论也对此流露出怀疑的态度，投资者也对这一项目没有了信心，不愿再投资。这时候，如果不是菲尔德先生，如果不是他百折不挠的精神，不是他天才的说服力，这一项目很可能就此被放弃了。菲尔德继续为此日夜操劳，甚至到了废寝忘食的地步，他绝不甘心失败。

于是，第三次尝试又开始了，这次总算比较顺利，全部电缆铺设完毕，没有任何中断，几条消息也通过这条漫长的海底电缆发送了出去，一切似乎就要大功告成了，但突然，电流又中断了。

这时候，除了菲尔德和他的一两个朋友外，几乎没有人不感到绝望。但菲尔德仍然坚持不懈地努力。他最终又找到了投资人，开始了新的尝试。他们买来了质量更好的电缆，这次执行铺设任务的是"大东方"号。它缓缓驶向大洋，一路把电缆铺设下去。一切似乎都很顺利，但最后在铺设横跨纽芬兰600英里的电缆线路时，电缆突然又折断了，掉入了海底。他们打捞了几次，但都没有成功。于是，这项工作就耽搁了下来，而且一搁就是一年。

所有这些困难都没有吓倒菲尔德。他又组建了一个新的公司，继续从事这项工作，而且制造出了一种性能远优于普通电缆的新型电缆。

1866年7月13日，新的试验又开始了，最终，电缆顺利接通，并发出了第一份横跨大西洋的电报！电报内容是："7月27日，我们晚上9点到达目的地，一切顺利。感谢上帝！电缆都铺好了，运行完全正常。赛勒斯·菲尔德。"不久以后，原先那条落入海底的电缆被打捞上来了，重新接上，一直连到纽芬兰。

菲尔德的成功证明了做事只要持之以恒，不轻言放弃，就会获得成功。

第二章

简单生活，净化圈子

拒绝不必要的社交活动

人们总是喜欢凑在一起聚会、消磨时间，生命就这样不知不觉地流逝了。快乐是很快乐，而且聚会在我们的生活和情感中确实也非常重要。但是，沉迷于聚会并不是长久之计。生活不是一次聚会，把世界上的每一个社会问题都暴露出来或是在那里夸夸其谈，并不能让你获得更多的成就。

在会议和贸易展览的某些场合，例如，在鸡尾酒会时我被邀请发表讲话或是演讲。人们挥舞着手臂，而且常常笼罩在雪茄的烟雾里，紧紧地抓着一杯冰镇饮料，好像那是他们的生命之泉。大家的交谈充满着欢声笑语，人们互相拍打着肩膀，虚伪地应酬着。参加鸡尾酒会应该是人们状态最差的时候了。

各种社交活动让我们舒适放松、思想游离。大部分的客套，比如"我会打电话给你""下次我请你吃饭""有时间到我家来玩""记得给我消息""事情进行得怎么样了"，都会被我们忘记，相对于那些要做的工作，这纯粹就是在浪费时间。甚至于你在哪里遇到了什么人，当时的情况怎么样，也会变得很模糊，无法准确地回忆起来。

人们会告诉你这个聚会很有必要，这样可以相互了解、保持联系，或者是发展你的事业、让你推销自己。但是，如果你能在一个真实的情况下——工作的场景中——表现得精神饱满、准备充分，那么，第二天早上，最让人印象深刻甚至妒忌的人一定是你。

尽量消除干扰

让自己忙于工作，而不是忙于应付客人。一位成功人士在总结她的成功经验时说："你不可能在完全属于社会的同时还能完成很多事情。"我们生活在这个世界上，人和人之间相互影响，互相友爱。但是，过多、过频繁的联系会让我们没有办法去完成更多的工作。

有人造访是一件令人快乐的事，社会也是千姿百态的；这些都是让我们能够生活得很满足的重要原因。但是，当你必须完成某项工作的时候，一定要消除这类事情给你带来的影响。

在这个问题上，你至少应该做到一点，不能只要有人提出，就随时接受全部的邀请、参加所有的聚会、参与每一件事或是停下来聊天。这样做并不是因为这些事情有什么坏处或是没有价值，只不过是因为它们大部分都不是你真正要做的事情。它们会让你偏离自己的目标，将注意力转移到其他的方向上去。

记住，你要管理自己的时间，而不是任人摆布。你是唯一一个可以让自己的工作不被打断的人。"我希望他们能让我自己待着"，这是一个很软弱的请求。你必须采取一些措施，可以试试下面的几种办法：

● 让所有人都知道你的工作方式——什么时候有空，什么时候比较忙。让他们尽量在你空闲的时候来找你，而不要在忙碌的时候来。

● 告诉别人你"不喜欢被打断"（这样说会让人觉得很奇怪，但是它至少可以解决你 50% 的问题）。

● 对于约会，礼貌地提出自己的要求：至少需要提前通知。这样你便可以更容易地专注在自己的事情上，提高效率。

● 让自己忙碌起来。当有人不期而至的时候，要表现得很忙碌，就好像正在处理什么重要事情一样。那么，你既可以停下来，也可以继续做事。95% 的来访者都会接受这样的暗示；而其余的5%是很健忘的，他们绝不会因此而生气。这种做法会帮助人们得到一个信息，他们会认为你"总是很忙的"，可能会和你聊10分钟，但不会一说就是2个小时。真正的忙碌能够限制和消除一些无关紧要的打扰。

●重新布置一下你的办公室，让它变得不那么闲散。桌旁的椅子只会邀请别人到你这里来坐下聊天。

●主动结束干扰。你可以经常用一些比较婉转的说法，诸如"嗯，很感谢你的造访"，暗示你要去做其他的事情了。如果这样不管用，你也不用再拐弯抹角、支支吾吾、闪烁其词，可以直截了当地说："哎呀，你来得真不巧，我正有事呢。能不能另外约个时间再谈（再聚）？"那么，你就可以控制这些混乱的局面，做更多的事情。

●如果上面的办法全都不奏效，那么就让这些人来帮你干活吧。给他们一顶安全帽、一块抹布、一支笔或是其他什么东西，请他们帮你干点什么。

随便给自己找个什么活儿，但是一定要让自己动起来。有些人在来之前已经提前预约过，还有些人正好是你想要见的，他们的到来就会大受欢迎。而有的人却是突然出现，打断了你的工作。对于这些人，你只要简单地表示一下你的欢迎和歉意，然后就可以去继续完成自己的工作了。你可以说："对不起，我一定要在中午之前将这个包裹寄出去。衷心地希望你在这里待得开心。"

控制闲聊的欲望

更好地管理时间的一个方法就是更有效率地处理你接到的电话。

很多人乐于花费很多时间用于"煲电话粥"。我们应该避免这种情况。为什么？因为我们得花费非常多的时间来谈论与来电目的无关的事情。这里是一段电话的节选：

"喂，小张，你在忙吗？现在方便接电话吗？方便啊，哦，太好了，你最近过得如何？小刘最近还好吧？那就好。我听说你们这群人在计划下个月的假期。你们打算去哪儿？哦，原来是那儿，那个地方非常不错。希望这个假期你们能过得很愉快。是的，我儿子这个夏天要大学毕业了。真不知道他大学毕业之后会怎么样……"接着，"所以，不管如何，我打电话的目的是……"

现实生活中，很多人都是这样的。来电者打来电话东拉西扯，你要是跟着他闲聊，他就会聊得更兴奋，还不时牵扯出新的话题来。为此，你浪费了很多时间，你自己要做的事却迟迟没有做。最后，你才听到他打电话给你，原来只是为了一件小事，或许只是为了求证一件事情而已。

有很多人抱怨没有充足的时间来处理工作，接着你又会听到他们的电话铃声。在电话中，他们都浪费了太多的时间用于漫无边际的闲谈，而对于真正的来电目的却关注得太少。

控制住你闲聊的欲望，尽力使来电者将话题专注在来电目的上。

不要围着吃饭打转

如果美食是你生命中最重要的，你的一切安排都围绕着它，而且你并不打算改变这种状况，那么你就别指望成为一个很能干的人了。

例如，一家承包公司有一次接到了一项大工程——粉刷教堂，整整112个粉刷工人等着脚手架送来好开工。最后，脚手架好不容易送来了，晚了45分钟。送脚手架的工人的解释是："哦，我今天没有吃午饭，所以停在路边吃了一点。"

他并不知道，偶尔少吃一顿饭、晚点吃或是吃快餐，就可以赢得一天或是一个周末，他可以用这个时间来完成工作、陶冶情操或者是帮助别人。

温莎太太对计划好的事情从来都是说一不二的，尤其是吃饭的问题。该吃饭的时候，其他任何事情都要停下来。有一个下午，突然刮起了大风，她的儿子放在桶里焚烧的垃圾被吹走了一些。燃烧的垃圾点燃了附近的山坡。火苗只要再蔓延60多米，穿过温莎太太的院子，就会碰到灌木丛。如果真是那样的话，大火可能会把温莎太太的农场甚至整座城市都化为灰烬。城市距离农场约30千米，而且整条路都布满了干燥的灌木丛。

那真是令人绝望的时刻，温莎太太的儿子身边一个人也没有。他拿着水桶和铁铲冲进大火，努力使自己保持冷静。大火伴随着浓烟和热浪，炎热的气浪足有50℃，他几乎不能呼吸，也不能咽口水。他的眉毛、胳膊上的毛发都被烧焦了，颤抖的双腿也快着火了，但是他不能停下来。他尽力想要挽救那8万亩的牧场、草地、树木和城市，好不容易挖了一小段隔离带。这时，温莎太太悠闲地走了过来，大声地叫道："吃饭了，马上过来。你要学会照顾自己！"真是让人抓狂，整个农场都要化为灰烬了，她却用吃饭这样微不足道的事情来打断为了控制火情而奋力劳作的儿子。

如果你发现自己走路很快，做了很多事情，以至于忘记了"我今天吃饭了吗"，那么，你的自我约束能力就近乎炉火纯青了。三餐吃好、规律饮食，并不意味着我们的生活要像很多人那样，围着食物打转。不要让吃饭成为你成功的绊脚石。在平时的工作日，吃饭就是为了给我们补充能量，将它弄得过于讲究是很没有必要的。也许有的人每天要花费三四个小时来吃饭。其实，即使你每天吃饭的时间只有一个小时，也还是可以在餐桌上享受美味和天伦之乐的。

有时候，单调的、冷冰冰的办公室里做不到的事情，在商业午餐或是晚餐的饭桌上确实可以谈成。但是，这样做的回报率是很低的。

汤姆刚开始外出旅行的时候，效率似乎下降了，他做不了以前那么多的事情了。为什么？每到一个城市，就会有20多个出版社、电台、电视台或其他人邀请汤姆——他们特别的客人——吃饭，他们总是会挑选全市最好、最正规的酒店。出于礼貌，而且有时也确实很饿，汤姆一般都会去。每一个这样的夜晚，在不同的城市、不一样的地方，有不一样的人，以及美味佳肴和知名大公司。但是，有的晚餐，从汤姆离开酒店直到回去，要花3个小时甚至更多的时间。其实他们也没谈什么正事；环境十分吵闹；食物也非常昂贵。汤姆突然意识到，在这次旅行中，他每周光是吃饭就花掉了30个小时。

现在，汤姆即使独自一人在一个不知道是什么名字的地方，也很少出去吃饭，这样就能够做更多的事情。他的身体也变得更健康了，而且不去花很多钱吃一顿饭，也不会冒犯任何人。他再也不必因为过分的"礼仪"、烟雾、嘈杂、排队和拥挤而生气。他把省下来的费用捐给了慈善机构，每周的那30个小时也回来了。

总之，有些所谓的饭局，其实是在浪费时间。如果在大城市，要从城东跑到城西赴宴，自己收拾准备的时间、耗在路上的时间，可能都赶得上一趟短程出差。因为一次日常的饭局，统计上赴约堵车、餐厅等位、人到齐、上菜的时间，没有3个小时恐怕是不行的。

其实，大多数时候，人们去的饭局，交结的大多都是一群陌生人。匆匆交换过名片，或者是互加微信，然后，各自看着手机，交流甚少。

你以为自己参加过的饭局越多，交往的人脉就越多。事实上，这些都是无效社交。因为大家圈子和平台不同，是难以相融的。

如果你自身的能力不提升，认识再多的人也没有用。相反，你在饭局上交往的陌生人太多，一定会疏忽最亲密的好友与同事，你的人脉只会越来越弱。

所以，那些真正聪明的人，从来不会轻易去赴一场贸然的饭局。当然，并不是说要断然拒绝所有的饭局，有价值的饭局是可以去的。比如同事或是关系亲密的朋友组织的，如果你的时间允许，当然是可以去的，但注意不要一天到晚围着吃饭打转。

停止"过度"的人际关系

通常来说，过多地做任何事情都会阻碍我们的目标达成——玩得过久、睡得太多、背负太多的责任、带太多的行李、过分清洁或者在一个地方逗留太久。

例如，我们社区里的一对夫妇，他们分别要在礼拜会上做 10 分钟的发言。在接到这个任务之后的那两个星期，他们暂停了生活中的其他事情，花了很多时间来学习和做准备——这一切都只是为了一个简单的 10 分钟的发言。其实，一个非正式的发言不值得花两个星期的时间，这种投入与产出是不平衡的。即使你有足够的空闲时间，也没有必要做过多的准备。可惜的是，这些努力并没有让他们获得再次发言的机会，所以也就不可能去学习该如何做得更快更好了。

人际关系对我们每一个人来说都是非常重要的，但是有的时候我们可能过分关注社会礼仪了。鲍勃是瓦斯帝有限公司的一名职员，他的桌子上经常会有一些生日卡和结婚卡之类的东西。他会签上名，再把它们派发下去。前一段时间，他收到了一张感谢卡，感谢他之前赠送了贺卡给他们。他有点苦恼：又收到一张感谢自己曾经发出的感谢卡的感谢卡，已经超过 10 个部门了！如果自己不制止，还会有更多的部门因为自己曾经发过感谢卡感谢他们而再发感谢卡来感谢自己。

还有一次，鲍勃在旅途中帮助了一位妇女。那件事情对他来说只是举手之劳，但对她的帮助却很大，这让鲍勃觉得非常快乐。一个星期之后，鲍勃收到了一张精美的感谢卡和一些礼物。理所当然，鲍勃也回送了一张感谢卡谢谢她的礼物。然后她寄了一些她的家庭照片给鲍勃，并请鲍勃看完之后给她寄回去。鲍勃也照做了。接着，她又写了一封感谢信，谢谢鲍勃将照片寄回去，鲍勃想，跟着下来至少又是一个类似的循环。这样的通信一定要结束，要不然自己每周都有成堆的邮件需要回复。

一个目标明确的人在别人重复地做某件事情的时候，可以完成好几项工作。你花时间去做的事情并不一定值得你花时间把它做到很好，有时只要做完就行了。掌握不好分寸，积极的结果也会在不知不觉间变成消极的结果，这就是过犹不及。

时刻都清楚地知道自己的终点在哪里，在开始工作前就有一个明确的方向，这样就能够很简单、很轻松地解决过犹不及的问题。如果直觉告诉你，事情已经完成了，这个时候，要学会停下来。在你还没有被具体的事情淹没之前，"停止"和"完成"是很容易做到的。先确定终点在哪里，当到了终点以后，不论事情是什么样的状态，都要停下来。将事情做过了头不仅浪费时间、浪费金钱，对接受者来说，这通常也是一种痛苦——本来我们付出努力是希望能够让接受者感到快乐的。

利用语音信箱过滤电话

当你需要一些不受打扰的工作时间时，就利用你的语音信箱来过滤电话，特别是在你不想使用"免打扰"功能以免遗漏某些重要事情的时候。

把你的语音信箱设置为扬声器（如果你有的话）状态，并且使其在接听电话时仍然能正常工作。你要留心倾听电话，判断它是否值得你中断工作来接听电话，否则就仅仅让它留下这条信息，在你工作结束之后，你再给对方回电。

当你一边工作一边听电话时，就需要一心多用的能力。但是如果你选择不接听电话，即使你要耽搁一分钟来倾听电话内容，你还是可以继续重返工作，而不是困在一个冗长的电话中。电话会使你脱离先前的工作状态，从而偷去你更多的时间。

这个方法并不是对每个人都有效的。有些人的电话系统并不支持这一功能，而有些人不能分散注意力去留心另一件事。但是对于那些有能力使用这个方法的人而言，这是一个很简单的节约时间的方法，它可以使你更加充分地利用时间，使你的工作更有效率。

巧妙说"不"

很多时候，我们不得不拒绝别人，但是怎样将这个难说的"不"字说出口呢？暗示，是一种不错的选择。

美国出版家赫斯托在旧金山办第一份报纸时，著名漫画大师纳斯特为该报创作了一幅漫画，内容是唤起公众的安全意识，来迫使电车公司在电车前面装上保险栏杆，防止意外伤人。然而，纳斯特的这幅漫画完全是失败之作。如果发表这幅漫画，会有损报纸形象，但如果不想刊这幅画，怎么向纳斯特开口呢？

当天晚上，赫斯托邀请纳斯特共进晚餐，先对这幅漫画大加赞赏，然后一边喝酒，一边唠叨不休地自言自语："唉，这里的电车已经伤了好多孩子，多可怜的孩子，这些电车，这些司机简直不像话……这些司机真像魔鬼，瞪着大眼睛，专门搜索着在街上玩的孩子，一见到孩子们就不顾一切地冲上去……"听到这里，纳斯特从座椅上弹跳起来，大声喊道："我的上帝，赫斯托先生，这才是一幅出色的漫画！我原来寄给你的那幅漫画，请扔入纸篓。"

赫斯托就是通过自言自语的方式，暗示纳斯特的漫画不能发表，让纳斯特欣然地接受了意见。

另外，通过身体动作也可以把自己拒绝的意图传递给对方。当一个人想拒绝对方继续交谈时，可以做转动脖子、用手帕拭眼睛、按太阳穴以及按眉毛下部等漫不经心的小动作。这些动作意味着一种信号：我较为疲劳、身体不适，希望早一点停止谈话。显然，这是一种暗示拒绝的方法。此外，微笑的中断、较长时间的沉默、目光旁视等也可表示对谈话不感兴趣、内心为难等心理。

例如，一天，为了配合下午的访问行程，小王想把甲公司的访问在中午以前结束，然后依计划，下午第一个目标要到乙公司拜访。但是，甲公司的科长提出了邀请：

"你看，到中午了，一起吃中午饭吧？"

小王与甲公司这位科长平常交情不错，对方又是非常重要的客户，不能轻易地拒绝。但是，和这位爱聊天的科长一起吃中午饭，最快也要磨蹭到下午一点才能走。小王怎样才能不伤和气地拒绝呢？

答案就是，在对方表示"要不要一起吃饭"之前，小王就不经意地用身体语言表示出匆忙的样子，如说话语速加快或自然地看看表等。但记住：这种时候千万不要提早露出坐立不安的神情，急得让人怀疑你合作的诚心。

巧妙地学会用暗示的方法拒绝别人，让对方明白你在说"不"，不仅能把事情办妥，而且不伤和气。

不要随便把手机号码给别人

你是不是把你的手机号码给了所有你见过的人？如果真是这样的话，你同时就赋予了他们偷取你时间的特权。他们会不停地在各种不方便的时刻给你打电话，而有很多时候你是没时间接听电话的。

一个很好的商业惯例就是只把手机号码告诉那些重要人物。

不要允许任何人都给你打电话，控制住那些用电话联系你的人的数量。如此一来，当电话铃响起时，你就知道这是重要人士，而不是仅有一面之缘的人问你一件不相干的事，而你想了半天都不记得这个人具体的长相。

不要把你的手机号码写在名片上或者其他任何人都可以得到的资料里。这样的话，这些"骚扰"电话会影响你的正常工作和生活，长久下去，你自认为的交往会变成你的烦恼。

尽量使拥有你的手机号码变成一项特权，而不仅仅是一项普通的权利。只把号码给那些你想要接听他们的电话的人。

第三章
做好断舍离，越活越轻松

不低头看昨天，才能抬头迎明天

人生一世，花开一季，谁都想让此生了无遗憾，谁都想让自己所做的每一件事都永远正确，从而达到自己预期的目的。可这只能是一种美好的幻想。人不可能不做错事，不可能不走弯路。做了错事、走了弯路之后，有后悔情绪是很正常的，这是一种自我反省，正因为有了这种"积极的后悔"，我们才会在以后的人生之路上走得更好、更稳。

但是，如果你纠缠住后悔不放，或羞愧万分，一蹶不振；或自惭形秽，自暴自弃，那么你的这种做法就是庸人自扰了。成功学大师拿破仑·希尔说："当我读历史和传记并观察一般人如何摆脱艰难的处境时，我一直既觉得吃惊，又羡慕那些能够把他们的忧虑和不幸忘掉并继续过快乐生活的人。"

无论你昨天过得有多糟糕，无论你今天有多懊恼，都无法回到过去了。一百个理由，一千种借口，也于事无补。所以，不要让昨天的懊恼影响今天的生活。

1871年春天，一个年轻人拿起一本书，看到了一句对他前途有莫大影响的话。他是蒙特利尔的综合医科学校的一名学生，平日对生活充满了忧虑，担心通不过期末考试，为该做些什么事情、怎样才能更好地生活而焦虑不安。

这位年轻的医科学生所看见的那一句话，后来帮助他成为当代有名的医学家，并成为牛津大学医学院的教授——这是当时学医的人所能得到的最高荣誉。他还被英国国王册封为爵士，他的名字叫威廉·奥斯勒。

下面就是他所看到的——托马斯·卡莱尔所写的一句话，帮他度过了无忧无虑的一生："最重要的就是不要去看远方模糊的事，而要做手边清楚的事。"

40年后，威廉·奥斯勒爵士在耶鲁大学发表了演讲，他对学生们说，人们传言他拥有"特殊的头脑"，其实不然，他周围的一些好朋友都知道，他的脑筋其实"最普通不过了"。

那么他成功的秘诀是什么呢？他认为这是因为他活在所谓"一个完全独立的今天里"。在他到耶鲁演讲的前一个月，他曾乘坐着一艘海轮横渡大西洋。

一天，他看见船长站在船舱里，揿下一个按钮，发出一阵机械运转的声音，船的几个部分立刻彼此隔绝开来——隔成几个完全防水的隔舱。

"你们每一个人，"奥斯勒爵士说，"都要比那艘大海轮精美得多，所要走的航程也要远得多，我要奉劝各位的是，你们也要学船长的样子，控制一切，活在一个完全独立的今天，这才是航程中确保安全最好的方法。你有的是今天，断开过去，把已经过去的埋葬掉。断开那些会把傻子引上死亡之路的昨天，把明日紧紧地关在门外。未来就在今天，没有明天这个东西。精力的浪费、精神的苦闷，都会紧紧跟着一个为未来担忧的人。养成一个好习惯，那就是生活在一个完全独立的今天里。"

奥斯勒博士接着说道："为明日准备的最好办法，就是要集中你所有的智慧、所有的热忱，把今天的工作做得尽善尽美，这就是你能应付未来的唯一方法。"

奥斯勒博士的话值得我们每个人思考。其实，人生的一切成就都是由你"今天"的成就累积起来的，老想着昨天和明天，你的"今天"就永远没有成果。珍惜今天吧，只有珍惜今天，你才能有好的未来！

昨天是一张作废的支票，明天是一张期票，而今天是你唯一拥有的现金，只有好好把握今天，明天才会更美好、更光明。过去的已经过去，不要为打翻的牛奶而哭泣！

生活不可能重复过去的岁月,光阴似箭,来不及后悔。从过去的错误中吸取教训,在以后的生活中不要重蹈覆辙,要知道"往者不可谏,来者犹可追"。

把握人生就要从当下开始,而不是总想着今后怎么样。把奋发拖延到明天是懦夫的表现,是消极思想的典型体现。我们要想积极生活,就应该把握现在,把握今天。

学会放弃,生活才更容易

放弃是一种坦荡的心境和大度的气概。

不懂得放弃的人,总将生活中的不如意绕在心灵的枝干上,一生就像北方腊月的浓雾,挥之不去。一味地自怨自艾,自暴自弃,于是青春美丽的容颜与悠悠岁月擦肩而过,恰如风过竹面,雁过长空,就像苏轼的一句人生长叹:"事如春梦了无痕。"

舍不得放弃的人,像一茎寂寞的芦苇,独立在夜风中守望,把自己幻成一季秋色,只能从烟黄的旧页中握住一把苍凉。

懂得放弃的人,对任何事都不会太过苛求,竭力用温情、柔情、大度营造一个温馨的港湾,在荡漾着对生命充满着爱意的氛围中,舒展一下疲惫的心是多么惬意与幸福!懂得放弃的人,静下心来当一回医生,为自己把脉,重新点燃自信的火把,照亮人生中不如意的症结,根据自身的特点选定一个目标,努力掌握一门专长,多看一些奋发奋力的书籍,开阔视野,荡涤一下容易浮躁的心灵。

生活有苦也有乐、有喜也有悲、有得也有失,拥有一颗达观、开朗的心,就会使平凡暗淡的生活变得有滋有味,有声有色。

生活的路并非一马平川,难免有磕磕绊绊。我们学会了竞争,学会了占有,而放弃则是另一种生存方式。此路不通，换一条走走，总有一条适合自己，总有一条能通向成功。当你以一种义无反顾的姿态艰辛地在一条路上跋涉的时候，也许，另一条路上鲜花正灿烂开放，笙歌四起。

放弃，是意志的升华，是精神的超脱。学会放弃的人，才是真正的大智大勇者。人生其实就是一段路，从这头走到那头，可以哭，可以笑，却没有停止的理由。只有经历了重重磨难，经过情感的大起大落，才能真正明白放弃的内涵：学会放弃，放弃对名利的追求，放弃对钱财的索取，退一步，不会是永远的失败，恰恰可能是海阔天空。

放弃需要勇气，需要有"敢冒天下之大不韪"的魄力。有时，放弃要面对各种各样的压力，或来自社会，或来自世俗。

放弃，不是"轻言失败"，不是遇到困难阻碍就退却、屈服，是迎难而上的另一种方式。放弃遥不可及的幻想，放弃孤注一掷的鲁莽，多几分冷静，多几分沉着。"山重水复疑无路，柳暗花明又一村。"再回首时，你才会发现，曾经的放弃是多么明智的选择。

扔掉多余的东西

即使是在人生中最为忙碌的一段时间里，丢掉没用的东西仍然可以让我们的效率获得提高。

没用的东西和混乱的状况充斥在我们的生活和工作中，浪费了很多时间，扰乱了我们的情绪。除了金钱之外，这些可能是最容易导致争执、生意失败的东西了。你有没有停下来计算过，在这些事情上你消耗了多少精力和时间？

干净整洁和有条不紊是提高效率最好的办法之一。如果我们总是要去翻箱倒柜地找东西，或是不得不在杂物中挤来挤去，就不可能非常成功。把没用的或者已经不需要的东西到处乱放，就好像在已经建成和粉刷好的建筑物上留着脚手架一样，看起来既难看又碍事。

如果事情做完了，就没有必要到处扔着碎料，以此来证明你从事过这项工作或者表明你是如何进行的——事实上，新事物本身已经说明了一切。而且，如果周围充满了废物，即使你觉得这些东西是有一定价值的，也得花大量的时间去摆放它们、养护它们和保存它们。我们拥有的东西越多，就越是会去积攒更多的东西。

把那些没用的、不想要的东西都丢掉，才能获得高效、简单的生活。

忘记怨恨

我们都是普通人，要让我们去爱自己的敌人，也许是非常勉强的，但是，仇恨只能够产生仇恨，所以，要学会宽恕敌人。

正如一位哲人所说："忘记怨恨是一种博大的胸怀，它能包容人世间的喜怒哀乐。忘记怨恨是一种品格，它能使人生跃上新的台阶。"

北宋名臣范仲淹就是一个善于忘记仇恨的人。景祐三年（1036年），范仲淹任吏部员外郎。当时，宰相吕夷简执政，朝中的官员多出自他的门下。

范仲淹上奏了一个《百官图》，按照次序指明哪些人是正常的提拔，哪些人是破格提拔；哪些人提拔是因公，哪些人提拔是因私。并建议：任免近臣，凡超越常规的，不应该完全交给宰相去处理。他被吕夷简"指为狂肆，斥于外"，贬为饶州知州。

康定元年（1040年），西夏王李元昊率兵入侵，范仲淹被任命为陕西经略安抚副使，负责防御西夏军务。

这时，神宗下谕让范仲淹不要再纠缠和吕夷简过去不愉快的事。范仲淹"顿首"谢曰："臣向论盖国家事，于夷简无憾也。"他的意思是，我过去议论的都是有关国家的大事，对吕夷简本人并没有什么怨恨。

吕夷简听说后，深感愧疚，连连说："范公胸襟，胜我百倍！"

忘记怨恨就是忍耐。面对同事的批评、朋友的误解，过多地争辩和"反击"实不足取，唯有冷静、忍耐、谅解最重要。

温斯顿·丘吉尔用自己的经验总结出："报复是最为宝贵的，也是最没有收获的。"

报复的想法会让你的灵魂受到玷污，使你变得愤世嫉俗而且充满偏见。怨恨还会伤害人的身体和精神，使你感到与社会的隔离，没有活力，没有精神。

一只蜂房里的蜜蜂把刚从蜂房里取出来的蜜献给天神。天神对蜜蜂的奉献很高兴，就答应给它所要求的任何东西。

于是蜜蜂请求天神说："请你给我一根刺，如果有人要取我的蜜，我便可以刺他。"

天神很不高兴，因为他很爱人类，但因为已经答应，不便再拒绝蜜蜂的请求，于是天神回答："你可以得到刺，但那刺会留在对方的伤口里，你将因为失去刺而死亡。"

报复是一把双刃剑，伤害别人的同时也会伤害到自身。心中想着报复别人，行为便趋向罪恶；心中有了恶，恶便支配了你的心灵，头脑被报复的念头所占据，报复也会回到自己的头上。

忘记怨恨是获得快乐的良方。人人都有痛苦，都有伤疤，经常去揭，会添新创。

学会忘却，生活才有阳光，才有欢乐。如果没有忘却，人不会快乐，智慧淹没在对过去的懊悔、痛苦和对未来的恐惧、忧虑与烦恼之中。

宽厚待人，忘记怨恨，乃事业成功、家庭幸福美满之道。如果你事事斤斤计较，就会患得患失，活得很累。

不抱怨，才能过得更好

只要你还有饭吃、有衣穿，你就不应该抱怨生活。因为在这个世界上，还有很多人吃不饱、穿不暖，想想他们，你就应该珍惜现在所拥有的一切。

"事情怎么会这样呢？真是烦人！""我这次考试没考好，全都怪昨天晚上……""考试题出成这样，老师根本就是在为难我们。"这是不是你经常挂在嘴边的话？心情不愉快的时候，这些抱怨的话好像不经过大脑自己就到嘴边了，然后心情就会变得很沮丧。在这样一种精神状态下，不难想象，你犯错误的概率自然要比别人高，许多新的烦恼又在后边等着你，那么你又开始新一轮的抱怨—沮丧—出错—倒霉……

抱怨只是暂时的情绪宣泄，它只是心灵的麻醉剂，但绝不是解救心灵的方法。所以，遇到问题抱怨是最坏的方法。罗曼·罗兰曾说："只有将抱怨环境的心情化为上进的力量，才是成功的保证。"也有人说，如果一个人青少年时就懂得永不抱怨的价值，那实在是一个良好而明智的开端。倘若我们还没修炼到此种境界，就最好记住下面的话：如果事情没有做好，千万不要为抱怨找借口。

有人云："人生不如意之事十有八九，常想一二。"这句话的意思是说人活在世上，十件事中有八九件都会不顺心，但要常去想那一两件使人开心的事。每个人都会遇到烦恼，明智的人会一笑了之，因为有些事是不可避免的，有些事是无力改变的，有些事是无法预测的。能补救的应该尽力补救，无法改变的就坦然面对，调整好自己的心态去做该做的事情。

一名飞行员在飞机失事后，在太平洋上独自漂流了20多天才回到陆地。有人问他，从那次历险中他得到的最大教训是什么。他毫不犹豫地说："那次经历给我的最大教训就是，只要还有饭吃，有水喝，你就不该再抱怨生活。"

人的一生总会遇到各种各样的不幸，但快乐的人不会将这些装在心里，他们没有忧虑。所以，快乐是什么？快乐就是珍惜已拥有的一切，知足常乐。

抱怨是什么？抱怨就像用针刺破一个气球一样，让别人和自己泄气。

抱怨之不可取在于：你抱怨，等于你往自己的鞋子里倒水，使行路更难。困难是一回事，抱怨是另一回事。抱怨的人认为不是自己无能，而是社会太不公平，如同全世界的人合伙破坏他的成功，这就把事情的因果关系弄颠倒了。

喜欢抱怨的人在抱怨之后，心情非但没变轻松，反而变得更糟。常言说，放下就是快乐。这也包括放下抱怨，因为它是沉重又无价值的东西。

人们喜欢那些乐观的人，是喜欢他们表现出的超然。生活需要的信心、勇气和信仰，乐观的人都具备。他们在自己获益的同时，又感染着别人。人们和乐观——包括豁达、坚韧、沉着的人交往，会觉得困难从来不是生活的障碍，而是勇气的陪衬。和乐观的人在一起，自己也就会变得乐观。

抱怨失去的不仅是勇气，还有朋友。谁都不喜欢牢骚满腹的人，怕自己受到传染。失去了勇气和朋友，人生会变得很难，所以抱怨的人继续抱怨。他们不知道，人生有许多简单的方法可以快乐地生活，停止抱怨是其中之一。

从某种程度上来说，抱怨相当于赤脚在石子路上行走，而乐观是一双结结实实的靴子。

贪婪面前请止步

有人说，沙漠的中心有宝藏。他想得到宝藏，就装备整齐地进入沙漠。可是宝藏没找到，所带的食物和水却吃完了、喝尽了，他再也没有力气站起来……

他一个人孤单地躺在沙漠里,静静地等待着死亡的降临。他想,哪怕只有一点儿食物能帮助他走出沙漠也好啊。夜晚,他感觉自己快要死了,就做了最后的祈祷:神啊,请给我一些帮助吧!

神真的出现了,问他需要什么。他急忙回答说:"食物和水,哪怕是很少的一份也行。"神送给他一些面包和牛奶,就消失了。

于是,情况发生了很大的变化。他精神百倍地站在那儿,不断地责怪自己:"为什么不向神多要一点儿东西?"他带上剩下的面包和牛奶,继续向沙漠深处走去。

这一次他找到了宝藏,就在他准备把宝藏尽可能多地带回去时,却发现面包和牛奶所剩无几了。为了减少体力消耗,他不得不空手往回走。

但是最后,他的面包和牛奶没有了,他还是躺倒在那儿。临死前,神又出现了,问他需要什么。他喃喃地答道:"食物和水……请给我更多的食物和水……"

神摇了摇头,叹息道:"你本来是可以平安地回去的,但你却没有往回走……"

常言道:"知足常乐。"然而,生活中有些人却永远也不懂得知足,他们总是在满足了一个欲望的同时,又想得到更多,拥有更多,欲望也就会继续膨胀。这永无止境的贪婪,最终会彻底毁灭一个人。

不攀比的人生才是自己的人生

鸟儿在天空翱翔,那美丽的羽毛就是它们引以为豪的骄傲;鱼儿在水中畅游,那光滑如玉的鳞片就是它们展示的与众不同的资本;百花在丛中争艳,为了证明自己拥有比别人更美的衣裳……每个生命的诞生都是这个世界的奇迹,每个生命都希望在自己鲜活的时光里绽放出耀眼的光芒。作为万物之长的人类,当然不会例外。

贤良的母亲，她为了让你穿得比别人家的孩子更加漂亮，于是买了昂贵的婴儿服饰为你装扮。从呱呱坠地的那一刻起，攀比在你的家庭中似乎已经存在，虽然在今后的日子里，母亲时刻都教育你不要养成攀比的恶习，不能有爱慕虚荣之心。其实，每个人或多或少都有一点儿攀比之心。

岁月流转，渐渐地，你长大了，接触了更多的人和事，也接受了许多有意识的关于攀比的信息：幼儿园的小朋友，他们拥有比你更高级、更好玩的玩具；小学的同桌，他买到了比你的更好看的书包和文具盒；在大家都穿着校服的中学时代，也有同学会展示自己刚买的最新款手机……再后来，你成年了，大学宿舍里也充斥着攀比的氛围，为尚无经济来源的你增添了一些烦恼。终于，你工作了，然而同事间的话题又转移到了房子、车子、存款……各种攀比之风早已让你招架不住，那么不如让时光倒流，看看古人是如何应对的吧。

相传孔子有三千弟子，其中有名的有七十二人，然而他却对颜回喜爱有加。在孔子的眼中，颜回的一举一动都符合自己的教学理念，所以孔子经常拿颜回作为榜样来教导其他弟子。一日，孔子对他的弟子们说："贤哉，回也！一箪食，一瓢饮，在陋巷，人不堪其忧，回也不改其乐。贤哉，回也！"孔子在赞扬颜回，认为颜回虽然住在简陋的地方，却能独享其乐，不在意外人如何看待，更没有攀比之心，是一个贤德之人。

一小碗饭，一瓢水，这样艰苦的条件就连外人看过以后都要为他忧虑，然而颜回却能够活得乐趣无穷，哪怕是丝毫的不满足心里都不曾有过。

现代社会，各种各样的商品让我们眼花缭乱，只有想不到的，没有买不到的。原本60平方米的房子就足够居住和生活，可是当看到同事买了上百平方米的豪华居室之后，自己的攀比之心也犹如被上满了发条，60平方米的房子早已抛诸脑后，取而代之的是大额贷款所得的三室两厅两卫的大房子。难道自己房子的面积要取决于同事或者邻居房子的大小吗？

在美国，有位教授曾经做过一个问卷调查，他对接受采访的人说："你自己挣 11 万美元，其他人挣 20 万美元；你自己挣 10 万美元，而其他人只有 8.5 万美元。两个选择，你更愿意选择哪个呢？"绝大多数的美国人选择了后者，显然，是攀比之心在作怪。《巴尔的摩哲人》杂志的编辑亨利·曼肯曾经这样描述攀比的人："行为经济学家说，我们越来越富，但是体会不到幸福，部分原因是，我们总拿自己与那些物质条件更好的人相比。"

跳出名利场

泰戈尔曾说："鸟儿翅膀上一旦系上黄金，它就再也飞不起来了。"意思是，一个人如果被名利所累，他就再难从容地生活。一个人若将名利看得重于泰山，势必卷入追逐名利的旋涡，酿成悲剧。如果我们每个人面对名利，都能多一些从容，那么，我们的人生也会因少了很多世俗烦恼而轻松自如。

作为一代鸿儒，钱锺书向来淡泊名利。

1991 年，全国十八家省级以上电视台联合拍摄《中国当代名人录》，钱锺书名列其中，友人告诉他将以钱酬谢，他淡淡一笑："我都姓了一辈子'钱'了，还会迷信这东西吗？"

又有一次，英国一家老牌出版社得知钱锺书有一本写满了批语的英文大辞典，派两个人远渡重洋，叩开钱府的大门，出以重金，请求卖给他们，钱锺书说："不卖！"

国外曾有人表示，如果把诺贝尔奖颁给中国作家的话，只有钱锺书当之无愧。而钱锺书则表示，萧伯纳说过，诺贝尔设立文学奖比他发明炸药对人类的危害更大。

与钱锺书一样淡泊名利的还有季羡林。2009 年 7 月 11 日，季羡林先生与世长辞。他留给我们的不仅是那炉火纯青、登峰造极的学问，更多的是"三辞桂冠"、专心做学问的求实作风，是那种远离浮躁、甘为人梯的淡泊操守。季羡林在《病榻杂记》一书中提出"三辞"，第一次廓清了他是如何看待这些年外界"加"在自己头上的"国学大师""学界泰斗""国宝"这三项桂冠的，他表示："三项桂冠一摘，还了我一个自由自在身。身上的泡沫洗掉了，露出了真面目，皆大欢喜。"

无论是钱锺书还是季羡林，我们所看到的都是淡泊名利、专心做学问的情操。无论是治学、立身还是工作，我们都需要这种甘于淡泊的精神。

名和利，是伤及世人生命的两件凶器。关于名利，庄子也有一句名言："名也者，相轧也；知也者，争之器也。"意思是名与利，导致人们相互倾轧；知识谋略，成了人们争名夺利的工具。可见名利害人不浅。古往今来，读书人为了金榜题名而发愤苦读，并非为了真正的学问，这就是争斗心理的开始。人类的历史中，几乎所有党派意见的纷争，都是因"名、利"而引发的。

虚荣是虚妄不实的，然而一般人却往往看不破，执虚为有，并为之驱逐，劳苦不停。虚荣之假难见，虚荣之大，也难以舍弃，正如一句话所言，只身困在名利场，跳入容易抽身难。人们往往贪慕名利，置身险境而不觉。

在太平洋的布拉特岛生活着一种鱼，叫王鱼，分为有鳞和无鳞两种。有鳞王鱼是天生的魔幻大师，它有一种本领，靠身体分泌黏液，能吸引一些较小的动物贴附在自己的身上。它先给它们一点好处——一点自身的分泌物。

当这些小动物被吸引后，有鳞王鱼便会千方百计地慢慢将其吸收为自己身上的一种鳞片，其实那不是鳞，只是一种附属物。当王鱼有了这种附属物后，便会变成另一种形态，像个大气球，比无鳞王鱼最少大出四倍，简直威风极了。而没有吸附小动物的无鳞王鱼，还是老样子，看起来比较小，远不如吸附了外界物质的有鳞王鱼那么"气宇轩昂"。可惜好景不长，当吸附了外界物质的有鳞王鱼，生命进入到后半程时，由于身体机能的退化，这种附属物会慢慢脱离它的身体，使它恢复到原本的样子——那个较小的外形。

　　失去了附属物的王鱼会变得痛苦不堪，因为失去了"盔甲"，它再也无法适应眼前的水域。在这种情况下，它会变得异常烦躁，甚至会去无端地攻击别的鱼类，以解脱自我。可惜，在攻击其他鱼的时候，它又没有了往日的能力，反过来被其他鱼撕咬得遍体鳞伤。绝望的王鱼只好自残，往岩石上猛撞，撞得血肉模糊，惨不忍睹。它往日主宰的一切，包括自己的生命，都不再属于它。

　　这虽然是一个关于鱼的故事，但与我们的人生何其相似。虚荣害人。外界的浮华和虚荣是不会长久的，任何不切实际的幻想只能带来无穷的痛苦和烦恼。一个成熟的人应当努力追求自我生命的价值，看重自己在工作和生活中的贡献，而不是贪慕名利。

　　从容不是天生的，作为人的一种性格特征，虽然同气质有一定关系，但主要还是取决于自己的胸怀、修养。"心底无私天地宽"，心中经常想着别人，少计较个人的利害得失，我们就能成为一个从容豁达的人。

　　名利场是一个浮华的世界，处处弥漫着尘埃。它蒙蔽了人们的眼睛，禁锢了人们的心灵。"淡泊明志，宁静致远"，只有淡泊名利的人才能坚守自己的选择，安于自己的位置。

做个人生清理

　　每个在职场里的人，到了岁末年初，总要将自己的办公桌彻底清理一次——扔掉那些毫无保存意义的信件、材料，再将其他的重新进行归类整理，使之井井有条、耳目一新，给自己创造一个相对宽松、舒适的环境。虽然如此，总有一些东西年年都舍不得丢弃。人们总习惯以"可能有用"为借口而保留一件件、一堆堆"废品"和"垃圾"，直到有一天狠心将它扔掉，生活中也不觉得少了什么时，才明白它是多余的东西，意识到自己所犯的"错"。

随着年龄的增长、岁月的洗礼、阅历的丰富、知识的积累与沉淀，人们对生活注入了新的思考与认知，同时也对传统思想、观念进行了深刻的审视、反省与诠释，对一切诸如习惯、观念、想法、经验、爱好等无形的东西也在不断地进行筛选和更新，一些过时的或给生活造成不必要的麻烦和不便的，我们要随时丢弃它。这样一来，我们才有机会和足够的时间、精力、空间，学习和接纳一些科学的、新鲜的事物。

丢弃某些东西不易，要守护某些东西也并不轻松。

保留一份天真与单纯，坚守一份信念与追求，保留一份正义与良知，坚守一份尊严与操守，保留一份向往和梦想……

尊严、道义、气节、操守、信念、志向等，不仅仅是个人的事，而且关系着一个国家、一个民族的声望与前途和命运，我们没有理由和借口去回避和拒绝。

同时，在人欲膨胀、物欲横流的时代，面对市场经济和社会变革的激荡而滋生出的种种物质或精神的刺激、诱惑和陷阱，人们内心仍无法割舍对功名利禄的追逐，经受着种种的挑战和考验。人们的思想观念、价值观念、伦理道德也相应地发生了一系列的嬗变与革新。

现实生活往往不是一种单纯的取与舍，不要斤斤计较失去的，有时我们得到的比失去的更可贵和美好！

跳出忙碌的圈子，丢掉过高的期望

欧仁和妻子王佳原来在事业单位供职，夫妻双方都有稳定的收入。每逢节假日，夫妻俩都会带着女儿小燕去游乐场打球，或者到博物馆去看展览，一家三口其乐融融。

　　后来，经人介绍，欧仁跳槽去了一家外企，不久，在丈夫的鼓动下，王佳也离职去了一家外资企业。凭着出色的业绩，欧仁和王佳都成了各自公司的骨干力量。夫妻俩白天拼命工作，有时忙不过来还要把工作带回家。女儿只能被送到寄宿制幼儿园里。王佳觉得自从自己和丈夫跳到体面又风光的外企之后，这个家就有点旅店的味道了。孩子一个星期回来一次，有时她要出差，就很难与孩子相见。不知不觉中，孩子幼儿园毕业了，在毕业典礼上，她看到自己的女儿表演节目，竟然有点不认得这个懂事却可怜的孩子。孩子跟着老师学习了那么多，可是在亲情的花园里，她却像孤独的小花。频繁的加班侵占了周末陪女儿的时间，以至于平时最疼爱的女儿在自己的眼中也显得有点儿陌生了。这一切都让王佳陷入迷惘和不安。

　　你是否和王佳一样，经常发现自己莫名其妙地陷入不安之中，而找不出理由。面对生活，我们的内心会发出微弱的呼唤，只有躲开外在的嘈杂喧闹，静静聆听并听从它，你才会做出正确的选择，否则，你将在匆忙喧闹的生活中迷失，找不到真正的自我。

　　一些过高的期望其实并不能给你带来快乐，却一直左右着我们的生活：拥有宽敞豪华的寓所；幸福的婚姻；让孩子享受最好的教育，成为最有出息的人；努力工作以争取更高的社会地位；能买高档商品，穿名贵的时装；跟上流行的大潮，永不落伍。要想过一种简单的生活，改变这些过高期望是很重要的。富裕奢华的生活需要付出巨大的代价，而且并不能相应地给人带来幸福。如果我们降低对物质的需求，改变这种奢华的生活状态，将节省更多的时间来充实自己。清闲的生活将让人更加自信果敢，珍视人与人之间的情感，提高生活质量。幸福、快乐、轻松是简单生活追求的目标。这样的生活更能让人认识到生命的真谛。

　　生活需要简单来沉淀。跳出忙碌的圈子，丢掉过高的期望，走进自己的内心，认真地体验生活、享受生活，你会发现生活原本就是简单而富有乐趣的。简单生活不是忙碌的生活，也不是贫乏的生活，它只是一种不让自己迷失的方法，你可以因此抛弃那些纷繁而无意义的事情，全身心投入你的生活，体验生命的激情。

给爱一条生路

也许你很懂得选择。无论是简单的购物，还是对于工作、学习、生活的选择。而当遇见爱情的时候，你却忘记了选择，或不会选择了。在爱的选择中，人们常常会做出愚蠢的举动。

不要忘记，爱也是可以选择的。如果想要拥有一份真正的爱情，也需要我们像买东西一样精心挑选。如若出现了什么问题，我们一样也要退换，不要在抱怨声中滞留。

爱情也是会出现质量问题的。毕竟爱情是两个人的事情，彼此个性的不同会使爱情中产生很多问题。爱情的保质期究竟有多长？判断爱情消逝的标准又是什么？很多人都在研究。

当你的另一半已经像变了一个人，变得对你冷漠的时候，很显然，你们的爱情已经出现了问题。如果可以补救，那固然很好，可是有时爱情已经变质到无法挽回，这时硬在一起也没有好结果，甚至容易因爱生恨。那么我们为什么不去做新的选择，放爱一条生路呢？

人生变化难测，更何况是不能用理性评判的爱情呢？不知你有没有想过，明知爱已经不在，可就是不肯放手，原因是什么呢？"我就是要死拽着他，死也要拖死他！"当你说这句话的时候，很显然，不仅仅是他已经不爱你了，你对他也已经没有了爱。那么不放手的原因就是不甘心，不正确的自尊让你变得糊涂，让你执拗地牵拽着对方去继续已经没有结果的事情。筋疲力尽的牵拽甚至可能让你变得疯狂，越加没有理性，做出一些过激的行为，从而更加丧失自尊，甚至想回头是岸都悔之晚矣。早知如此，何不及时放手呢？洒脱地爱，洒脱地放手，才能拥有真正的爱情。

在爱情上不要犯傻，要时刻警醒自己，爱也是可以选择的。在放手的同时，也是给予了自己一次新的选择机会。

给爱一条生路，也是给自己一条生路。

第四章

问话有术，回话有招

高效沟通很重要

有效沟通是高效能人士的一项重要能力。提高沟通能力，主要有两方面：一是提高理解别人的能力，二是增加别人理解自己的可能性。

人与人交往需要沟通，在公司内，无论是员工与员工，还是员工与上司、员工与客户都需要沟通。良好的沟通能力是工作中不可缺少的，一个高效能人士绝不会是一个性格孤僻的人，相反，应当是一个能设身处地为别人着想、充分理解对方、不以针锋相对的形式对待他人的人。

在有效的沟通中，我们可以得到很多工作之外的东西。例如，在沟通中，我们除了和大家一起工作外，还可以和大家一起去参加各种活动，或者礼貌地关心一下他人的生活。我们可以使每个人觉得，我们不仅是工作上的好搭档，在工作之外也是很好的朋友。

在一个团队中，沟通应当遵循简单的原则，人与人之间的沟通应直截了当，心里想到什么就说什么，不要把简单的问题复杂化，这样可以减少沟通中的误会。言不由衷，会浪费大家的宝贵时间；瞻前顾后，生怕说错话，会变成谨小慎微的懦夫；更糟糕的是，还有些人，当面不说，背后乱讲，这样对他人和自己都毫无益处，最后只能是破坏了集体的团结。正确的方式是提供有建设性的正面意见，在开始讨论问题时，任何人先不要拒人于千里之外，大家把想法都摆在桌面上，充分体现每个人的观点，这样才会有一个容纳大部分人意见的结论。

良好的沟通对于提升整个团队的工作效能十分重要。如果员工之间处于一种无序和不协调的状态之中，双方之间互相推诿责任，以致各种力量相抵消，"既然我做不成，那么我也不让你做成"，这样的内耗既消耗了别人的力量，也消耗了自己的实力。在这种团队之中，也不可能出现什么高效能人士。我们要维护双方的合作关系，就必须杜绝上述想法或行为，争取在不损害自己利益的基础上也充分保证对方的利益。

沟通从倾听开始

英国著名的报业大亨康纳德·布莱克说过："实际上，所有人在心底都重视自己，喜欢谈论自己，他们可不愿听你唠唠叨叨地在那儿自吹自擂。"

在生活和工作中，许多人为了纠正别人的意见，往往会絮絮叨叨没完没了。对此，沟通交际大师哈默·艾略特认为，你不如让对方畅所欲言，因为每个人对关于自己的问题一定比别人知道得多，所以不如多给他人说话的机会，听听他的看法。

如果你不赞同他人的意见，也最好不要阻止他说话，因为那样做不会有什么好的效果。当他人还有许多意见要发表的时候，他通常是不会注意你的。

高效能人士要养成倾听的习惯，认真听取他人讲话，并要鼓励对方彻底说出自己的意见。在沟通中坚持"听听别人怎么说"的原则往往能带来双赢的结局。

几年前，美国通用汽车公司正在联系采购全年度生产所需的坐垫布。三家有名的生产厂家已经做好坐垫布样品，并接受了通用汽车公司的检验。随后，通用公司给各厂发出通知，让各厂的代表做最后一次竞争。

其中一个厂家的代表莱恩先生来参加这次竞争，他正患有严重的咽喉炎。莱恩先生说："当时，我嗓子哑得厉害，几乎不能说话。我与该公司的总经理、纺织工程师、采购经理、推销主任面谈时，大家都坐在一起，当我站起身来，想努力说话时，却只能发出沙哑的声音。所以我只好在记事本上给他们写了一句话：诸位，很抱歉，我嗓子哑了，不能说话。"

"我替你说吧。"汽车公司经理说。后来他真那样做了。他帮莱恩展出他带来的样品，并讲述它们的优点，这引起了在座其他人极大的关注。那位经理在发言中一直站在莱恩的立场说话，莱恩在他旁边只是用微笑点头及一些手势来表达自己的观点。

令人意想不到的是，莱恩居然得到了那份合同，他们向莱恩开出了50万码的坐垫布订单，价值160万美元。这可是莱恩从业以来得到的最大的订单。

莱恩激动地说："我知道，要是我用沙哑的嗓音说话的话，我很可能会失去这笔订单。通过这次经历，我发现：让他人说话有时更有价值。"

福特是一家电气公司的销售员。有一天，他来到一个生活比较富裕的村中考察。

"为什么他们不使用电？"当他经过一户整洁的农家时，不解地向该地区代表问道。

"他们都是吝啬鬼，别指望卖给他们任何东西，"地区代表答道，"他们对公司的产品不感兴趣。我已经试过很多次，真是无可救药。"

尽管地区代表这么说，但不试一试福特仍不甘心。他走过去叩一户农家的门。门只开了一条缝，一位老妇人探出头来。

她一看见他们身上的公司制服，立刻显出很厌烦的神情。福特说："您好，夫人。打搅您了，十分抱歉。我们不是来推销东西的，我们打算向您买一些鸡蛋。"

她怀疑地望着福特。

"我曾发现你的一群很好看的七彩山鸡，"福特说，"现在我正想买一些新鲜的鸡蛋。"

"你怎么知道我的鸡是七彩山鸡？"她的好奇心似乎被激发起来。"我自己也养鸡，"福特回答说，"而且我敢说我从未见过比这更好看的七彩山鸡。""那你为什么不用你自己的鸡蛋？"她仍心存疑虑。

"我的来亨鸡下白皮蛋。你是烹调的行家，自然知道在做蛋糕时，白皮蛋不能同红皮蛋相比。为此，我的夫人总在我面前以她所做的蛋糕自豪。"这时，她终于放心地走了出来，态度温和多了。福特环顾四周，发现农场中有一个很大的奶牛棚。

"夫人，"福特接着说，"我可以打赌，用你的鸡赚的钱，一定比你丈夫用奶牛赚的钱还要多。"嘿！当然她赚得多！她听到此说更加高兴，但可惜她固执的丈夫并不承认这一点。

在她带福特参观鸡舍的时候，福特留意了几种她十分得意的自造小设备，并向她请教了一些饲料及喂养知识，福特在这方面谈了很长时间。

最后，她说几位邻居在他们的鸡舍里装了电灯，据说效果很好。她征求福特的意见，她是否应该采取这种办法……

两星期以后，这位夫人的七彩山鸡终于也见到了灯光，它们在灯光的助力下愉快成长。福特如愿得到了自己的订单，她也能多得鸡蛋。这的确是一个双赢的结局。

在工作和生活中，为了与他人进行有效的沟通，我们要培养倾听的习惯，谦虚地对待他人，鼓励别人畅谈他们的成就，自己不要喋喋不休地自吹自擂。只有这样，才能实现沟通双赢的结局。

努力提升沟通能力

高效沟通是高效能人士重要的能力。那么究竟怎样才能提升自己的沟通能力呢？心理学家经过研究，提出了一个提升沟通能力的一般程序。

▌明确沟通对象

这一步很重要。你可以认真地想一想，在你的工作和生活中，你可能会在哪些情境中与人沟通，比如学校、家庭、工作单位、聚会以及日常各种与人打交道的情境。想一想，你都需要与哪些人沟通，比如朋友、父母、同学、配偶、亲戚、领导、邻居、陌生人等。列清单的目的是搞清楚自己的沟通范围和对象，以便全面地提升自己的沟通能力。

▌改善沟通状况

明确了沟通对象之后，可以问自己下面几个问题，了解自己该从哪些方面去改善沟通状况：

对哪些情境的沟通感到愉快？
对哪些情境的沟通感到有心理压力？
最愿意与谁保持沟通？
最不喜欢与谁沟通？
是否经常与多数人保持愉快的沟通？
是否常感到自己的意思没有说清楚？
是否常误解别人，事后才发觉自己错了？
是否与朋友保持经常性联系？
是否经常懒得给人发邮件或打电话？
…………

客观、认真地回答上述问题，有助于你了解自己在哪些情境中、与哪些人的沟通状况较为理想，在哪些情境中、与哪些人的沟通需要着力改善。

▌优化沟通方式

在这一步中，我们可以通过下面几个问题看一看自己的沟通方式存在哪些需要改善的地方：

通常情况下，自己是主动与别人沟通还是被动沟通？

在与别人沟通时，自己的注意力是否集中？

在表达自己的意图时，信息是否充分？

主动沟通者与被动沟通者的沟通状况往往有明显差异。研究表明，主动沟通者更容易与别人建立并维持广泛的人际关系，更可能在人际交往中获得成功。

沟通时保持高度的注意力，有助于了解对方的心理状态，并能够较好地根据反馈来调节自己的沟通技巧。没有人喜欢自己的谈话对象总是左顾右盼、心不在焉。

在表达自己的意图时，一定要注意使自己被人充分理解。沟通时的言语、动作等信息如果不充分，则不能明确地表达自己的意思；如果信息过多，出现冗余，也会引起信息接受方的不舒服。最常见的例子就是，你不小心踩了别人的脚，那么一声"对不起"就足以表达你的歉意，如果你还继续说："我实在不是有意的，别人挤了我一下，我又不知怎的就站不稳了……"这样啰唆反倒令人反感。因此，信息充分而又无冗余是最佳的沟通方式。

■ 做好计划

通过上面几个步骤，你可以发现自己在哪些方面存在不足，从而确定从哪些方面重点改进。比如，沟通范围狭窄，则需要扩大沟通范围；忽略了与友人的联系，则需多写信、打电话；沟通主动性不够，则需要积极主动地与人沟通；等等。把这些制成一个循序渐进的沟通计划，然后把计划付诸行动，体现在具体的生活小事中。比如，觉得自己的沟通范围狭窄，主动性不够，则可以规定自己每周与两个素不相识的人打招呼，具体如问路、说说天气等。不必害羞，没有人会取笑你的主动，相反，对方可能还会欣赏你的勇气呢！

在制订和执行计划时，要注意小步子的原则，即不要对自己提出太高的要求,以免实现不了,反而挫伤自己的积极性。小要求实现并巩固之后,再对自己提出更高的要求。

及时自我反馈

这一步至关重要。任何行为如果控制不好,都可能适得其反。因此,如果要提升自己的沟通能力,最好是自己对自己进行监督,及时进行自我反馈,比如用日记、图表记录自己的沟通状况,并评价与分析自己的感受。

另外,我们在执行计划时要对自己充满信心,坚信自己能够成功。一个人能够做的,比他已经做的和相信自己能够做的要多得多。

沟通可以化解矛盾

人与人都是需要相互交流感情与信息的,不沟通会造成信息的堵塞,人际关系易出现沟通"短路",从而产生一连串的误解、矛盾。尤其是在有矛盾产生之时,必要的沟通能够化解它。

曾任微软中国公司总经理的吴士宏曾有过这样的经历:

在西安工业大学演讲时,一个学生问:"我们都想把微软打败,你作为微软在中国的总经理,作何感想?"

吴士宏答道:"中国逾越五千年才打开了国门,不是为了'把敌人诳进来,一个一个歼灭,来一个死一个'。如果我们要在中国打败微软或任何人,只要关上国门就是了,不用费什么力气。我们国家真正需要的不是'关起门来打狗',而是要真正地自己强大起来,走出国门,以真正的实力参与国际市场竞争——以自己的品牌,而不是冠以'中国的微软''中国的IBM'之类的限制词。要打出'中国的×××'品牌,就必须虚心学习,苦练内功,哪怕是卧薪尝胆。"

吴士宏的这番话无修饰雕琢，毫不掩饰内心深处的世界，是对爱不爱国、怎样爱国一个绝妙、机智的回答，全场大学生为她的这段质朴无华的话热烈鼓掌了好几分钟。

人们之间的误会多是由不沟通或听信第三人的话所致，而良好的沟通会促进彼此之间的了解与理解。

战国时候，张仪和陈轸都投靠到秦惠王门下，受到重用。

不久，张仪便产生了嫉妒心，因为他发现陈轸很能干，比自己强得多，担心日子一长，秦惠王会冷落自己而喜欢陈轸。

于是，张仪便找机会在秦惠王面前说陈轸的坏话，进谗言。

一天，张仪对秦惠王说："大王经常让陈轸往来于秦国和楚国之间，可现在楚国对秦国并不比以前友好，但对陈轸却特别好。可见陈轸的所作所为全是为了他自己，并不是诚心诚意为我们秦国做事。听说陈轸还常常把秦国的机密泄漏给楚国。作为您的臣子，怎么能这样做呢？我不愿再同这样的人在一起做事。最近我又听说他打算离开秦国到楚国去。要是这样，大王还不如杀掉他。"

秦惠王听了张仪的这番话，自然很生气，马上传令召见陈轸。一见面，秦王就对陈轸说："听说你想离开我这儿，准备上哪儿去呢？告诉我吧，我好为你准备车马呀！"

陈轸一听，觉得莫名其妙。但他很快明白了，这里面话中有话，于是镇定地回答："我准备到楚国去。"

果然如此。秦王对张仪的话更加相信了。于是慢条斯理地说："那张仪的话是真的。"

原来是张仪在捣鬼！陈轸心里完全清楚了。他没有马上回答秦王的话，而是定了定神，然后不慌不忙地解释说："这事不单是张仪知道，连过路的人都知道。我如果不忠于大王您，楚王又怎么会要我做他的臣子呢？我一片忠心，却被怀疑，我不去楚国又到哪里去呢？"

秦王听了，觉得有理，点头称是，但又想起张仪讲的泄密的事，便又问："既然这样，那你为什么将我秦国的机密泄露给楚国呢？"

陈轸坦然一笑，对秦王说："大王，我这样做，正是为了顺从张仪的计谋，用来证明我是不是楚国的同党呀！"

秦王一听，却糊涂了，望着陈轸发愣。

陈轸还是不紧不慢地说："据说楚国有个人有两个妾。有人勾引那个年纪大一些的妾，却被那个妾大骂了一顿。他又去勾引那个年轻一点的妾，年轻的对他很友好。后来，楚国人死了。有人就问勾引妾的人：'如果你要娶她们做妻子的话，是娶那个年纪大的呢，还是娶那个年纪轻的呢？'他回答说：'娶那个年纪大些的。'这个人又问他：'年纪大的骂你，年纪轻的喜欢你，你为什么要娶那个年纪大的呢？'他说：'处在她那时的地位，我当然希望她答应我。她骂我，说明她对丈夫很忠诚。现在要做我的妻子了，我当然也希望她对我忠贞不贰，而对那些勾引她的人破口大骂。'大王您想想看，我身为秦国的臣子，如果我常把秦国的机密泄露给楚国，楚国会信任我、重用我吗？楚国会收留我吗？我是不是楚国的同党，大王您该明白了吧？"

秦惠王听陈轸这么一说，不仅消除了疑虑，而且更加信任陈轸了，给了他更优厚的待遇。陈轸巧妙的一席话，既击破了谗言，又保全了自己。

陈轸保住自己的性命完全得益于"会说话"，即有效的沟通。试想，如果陈轸与秦王一直没有沟通，那后果将不堪设想。秦王会误杀无辜，而陈轸则会枉送性命。

因此，有效的沟通是人与人之间交往的润滑剂，不仅能表达清楚双方的思想，还能够化解误会。

沟通促成理解

拥有卓越情商的人，通常都是人际交往高手。他们能够轻松解决一些别人认为很棘手的问题，有时甚至能化解危机。

罗伊从商店买了一套衣服，很快他就失望了，衣服掉色，把他衬衣的领子染上了色。他拿着这套衣服来到商店，找到售货员，向他陈述事情的经过。罗伊希望能得到商店的理解，可没想到，售货员总是打断他的话。

"我们卖了几千套这样的衣服，"售货员声明说，"你是第一个找上门来抱怨衣服质量不好的人。"他的语气似乎在说："你在撒谎，你想诬赖我们，等我给你个厉害看看。"

这个售货员刚说完，第二个售货员走了过来，说："所有深色衣服开始穿时都会褪色，一点儿办法都没有。特别是这种价钱的衣服，这种衣服是染过的。"

"我差点气得跳起来，"罗伊叙述这件事时强调说，"第一个售货员怀疑我是否诚实，第二个售货员说我买的是二等品，我气死了。"罗伊准备对他说："你们把这套衣服收下，随便扔到什么地方，见鬼去吧。"正在这时，该商店的负责人来了。他很内行，他的做法改变了罗伊的情绪，使一个被激怒的顾客变成了满意的顾客。他是怎么做的？

首先，负责人一句话也没讲，听罗伊把话讲完。其次，当罗伊话讲完后，那两个售货员又开始陈述他们的观点时，他开始反驳他们，帮顾客说话。他不仅指出衬衣的领子确实是因衣服褪色而弄脏的，而且还强调说商店不应当出售使顾客不满意的商品。后来他承认他不知道这套衣服为什么出毛病，但直接对顾客说："你想怎么处理？我一定遵照你说的办。"

几分钟前罗伊还准备把这套可恶的衣服扔给他们，可现在罗伊回答说："我想听听你的意见。我想知道，这套衣服以后还会再染脏领子吗？能否再想点什么办法?"于是,负责人建议他再穿一星期。"如果还不能使你满意,你把它拿来,我们想办法解决。请原谅,给你添了这些麻烦。"他说。

罗伊满意地离开了商店。7天后,衣服不再掉色了。他完全相信这家商店了。

艾萨克·马科森大概是世界上采访过著名人物最多的人。他说:"许多人没能给人留下好印象,是由于他们不善于与对方沟通。他们如此津津有味地讲说,完全不听别人对他讲些什么……许多知名人士对我讲,他们推崇注意听的人,而不推崇只管说的人。由此可见,人们听的能力弱于其他能力。"

会沟通的人能够促进双方的理解,从而达成互相的信任,而不会沟通的人只能使事情越弄越糟。

沟通帮助达成目标

无论在生活中还是在工作中,时常有一些人特别爱做"闷葫芦",老爱让别人来猜测他的想法和心思,要么就是"茶壶煮饺子——有嘴倒(道)不出"。不会沟通的确是件很让人头痛的事,但一旦学会了沟通,就会有事半功倍的效果。

吴士宏初入微软做简短致辞时说:"各位,第一次见面,我不多讲,因为我以后会有很多机会主持这样的会议,会有很多机会讲给大家听。我本来准备的致辞是谦虚的外交辞令,临时决定最好从一开始就把真实的我交代给大家。我接受微软中国公司总经理的职位是为了一个理想,那就是想把微软中国做成中国微软。我所谓'中国微软'的定义是:公司在中国成长,也要为中国做贡献。员工与公司一起成长,在公司里得到最好的事业发展。我和在座的大多数人一样,是土生土长的中国人,我更希望能有更多的本土员工更快地成长起来。"

作为中国人,吴士宏的这番话情真意切,将自己的理想公布于众,任何一位有良知的微软中国员工都会为之动容。她接着谦虚地说道："我前面十二年多的经验都是 IBM 的,我在微软的经验比在座任何一位都少。我会努力学习做一个真正的微软人,努力做一个合格的总经理。我需要大家的帮助,我不打算'带自己人来',想和大家一起做这番事业,拜托各位!"台下响起一阵热烈的掌声。

然而微软的实际与吴士宏的理想相去甚远,15 个月后,即 1999 年 6 月,她决定辞去总经理的职务。首先吴士宏选择她的顶头上司乔治心情很好的时候摊牌:"我来微软是为了一个理想,为了这个理想,我做了很多,忍了很多,努力了很多。我终于理解了,对于总经理,公司的期望其实只是销售业绩这单单一项。而我当初之所以接受这个职位,是因为被赋予的责任是对公司在中国市场的全面策略和运营负责。这个差距太大了。现在,销售的业绩做到了。您清楚地了解,我不同意公司在中国的很多重大策略,既然不同意,而在无数次努力之后都无法对其有任何影响,这个总经理职位于我也就失去了意义。我决定,辞职。"直言不讳,没有丝毫做作。然后她解释了为什么在这个时间提出辞呈,为什么要在业绩好时提,并且还对公司提出了建设性建议。

在离职演讲中,吴士宏说:"我选择微软中国公司取得优秀业绩时离开,心中多了一点欣慰。"点出"取得优秀业绩"几个字,是为了澄清"业绩不佳被迫辞职"的猜测。"在我任内能与这么一群优秀的人共事,是我永远的骄傲。我知道,他们都会继续努力去追求我们共有的理想——那绝不仅是为微软或是别的外国公司做出好的业绩,而是为中国的 IT 产业,为中国有所贡献。"这些话既是对原部下的肯定,更是对他们的鞭策,希望他们做自尊自强的中国人。

吴士宏与人沟通的能力无疑是非常卓越的,她以一种开诚布公的方式达到了目的——在微软得到了员工的支持。

另一位情商高手松下幸之助为了达到目的,与员工的沟通则是另一番景象。

松下幸之助有一个习惯，就是爱给员工写信，述说所见所感。

有一天，松下正在美国出差，按照习惯，不管到哪个国家，他都要尽量在日本餐馆就餐。因为，他一看到穿和服的服务员，听到日本音乐，就觉得是一种享受。

这次，他也毫无例外地去日本餐馆就餐。当他端起饭碗吃第一口饭的时候，大吃一惊，他居然吃到了在日本都没吃到过的好米饭。松下想，日本是吃米、产米的国家，美国是吃面包的国家，美国产的米居然比日本的还要好！此时他立刻想到电视机，也许美国电视机现在已经超过我们，而我们还不知道，这是多么可怕的事情啊！松下在信末告诫全体员工："员工们，我们可要警惕啊！"

以上只是松下每月写给员工的一封信中的一个内容，这种信通常是随工资袋一起发到员工手里的。员工们都习惯了，拿到工资袋不是先数钱，而是先看松下说了些什么。员工往往还把每月的这封信拿回家，念给家人听。在感人之处，员工的家人都不禁掉下泪来。

松下几十年来始终每月给员工写信，而且专写这一个月自己周围的事和自己的感想。这也是《松下全集》的内容。松下就是用这种方式与员工沟通的。员工对记者说："我们一年也许只和松下见一两次面，但总觉得，他就在我们中间。"

有一天，松下让他的助手带着所有百货商店的名片和他一起出去转一转，松下每到一个商店都要对上至老板、下至售货员表示谢意，听取他们对产品的意见，并递上名片说："我是松下，请多关照。我们渴望听到您的意见。"人们知道他是松下幸之助后，无不感动。这样起到了很好的沟通作用。

总之，良好的沟通是任何时候、任何场合、做任何事情都必需的。

用恰当的方式说恰当的话

在交际中，如果不注意说话方式，所用的说话方式不恰当，对方就会据此理解你的语意。当出现理解上的歧义时，就有可能造成不良后果，从而影响正常交际，违背表达者的初衷。

讽刺、挖苦是一种有强烈刺激作用的表达方式。它往往是以嘲笑的口吻说出对方的缺点、不足之处，使人当众丢丑，轻则导致对方反唇相讥，重则大打出手，造成很恶劣的后果。

某主任如此议论他的下属："黄××那个人这辈子算是白来了，堂堂大学毕业生，找不上一个老婆，姑娘们见面就摇头。他写的那个文章，就像小学生写作文，前言不搭后语，字还没有蜘蛛爬得好……"

黄××后来听到这些议论，索性在工作时一字不写，还利用业余时间写小说、写报告文学。

作为工作中的上级和情感上的朋友，看到下级及朋友身上存在缺点和不足，应该正面指出来，指导他、帮助他，促使他前进，而不应该取笑他。那些总是取笑别人的人往往缺乏自信心，对前途有一种恐惧感，害怕别人看不起自己，因而借取笑别人来缓解心中的压抑，试图改善自身的形象。殊不知，这样做恰恰破坏了自我形象，引起他人的反感与对立。

因此，讽刺、挖苦的表达方式绝不可轻易使用。那种粗俗谩骂的说话方式也应该予以摒弃。

说话要讲究文明礼貌，这是最起码的要求。口语交际中，说话粗俗不雅、满口脏话，甚至谩骂、恶语伤人等不文明谈吐，是对他人的侮辱，是令人难以忍受的。这种说话方式往往造成不愉快的结果，影响交际，破坏风尚。

比如，在交际中发生了矛盾。有人在气急的情况下，常常骂人，口吐脏话，如说："你这是胡说八道""你放屁""你是什么东西"。不管在什么情况下，这样的谩骂都是无礼的行为，都易激怒人，是不良的说话习惯。

还有一种情况，就是有的人说话爱带"话把儿"，比如"他妈的"等，而且形成了不良习惯，成了口头禅。在他们看来，这是无意的，可是别人听来就很刺耳，就难以容忍，极易做出强烈的反应。

从表达的语气、语调来看，说话方式还有刚柔软硬之分。一般情况下，柔言谈吐，语气温和、用词恰当，如和风细雨，听来亲切，易于产生好感，被人接受。即便是在内容上有违对方的意思，也不至于当场得罪对方。相反，刚烈之言，语气生硬、高声大嗓，如同斥责训教，听来刺耳，使人感到难受、反感，有时也许说话的内容并无问题，但就因使用了这种刺激人的方式，仍然会使人生气、发火，得罪人。

对于一个不同意自己观点的辩论对手，如果说："你这个人不可理喻！"对方必然要做出强烈的反应。

当自己的意见不被对方理解时，就生气地说："和你说话，简直是对牛弹琴！"对方会感到是一种侮辱，会与你对抗。

某人要外出，找人代买一张车票，他硬邦邦地说："你给我买一张车票，我要出差，听见了吗？"对方听了这口气，心里会痛快吗？他可能一句话就顶回来："对不起，我今天没有空。"

对一个在工作上信心不足的人，同事恨铁不成钢地说："你也太不像话了，人家能做到，你为什么就做不到？你也太不争气了！"他马上会不满地接话说："你算老几呀？用你来教训我！"说完拂袖而去。

类似的生硬说法都会在不同程度上得罪人。

生硬话、愤怒话，大多是顺口而出的，没有经过推敲，因而有失分寸是很自然的。这种语言又多是"言出怒出"，它如同烈火一般，常常起到破坏作用。

每个人都有很强的自我意识。在说服对方的过程中，要想不伤害对方的自尊心，就应尊重对方的自我意识。

很早以前就听说过，设计相同、质地相同的高级女服，价格越贵越容易销售。

一家服饰店的老板讲了这样一件事：

有一次，店中刚雇用不久的店员对一位正在挑选西装的顾客说道："您好！那边的衣服是比较便宜的！"结果这位顾客突然大怒，当老板慌忙跑来之后，她又气势汹汹地说道："什么比较便宜？我又不是没钱，你太没礼貌了！"后来老板赶紧连声道歉才算了事。

这种情况不仅限于商业中，在我们平时与人交流的过程中，也常常因为没有考虑到对方的自尊心、虚荣心，使用了不慎重的态度或语言而导致沟通失败。尤其是在说服自尊心、虚荣心强的人时，这种情况便会成为必然。因此，说话就必须注意不伤害对方的自尊心、虚荣心，照顾到对方强烈的自我意识，使他欣然接受你的观点。

我们在交谈时常常会犯这样一个错误，就是当发现对方有明显的错误时，会不客气地批评对方说："那是错的，任何人都会认为那是错的！"这样一来，对方的自尊心会受到伤害，而突然陷入沉默。

批评是我们经常会做的事，尤其当你是一位长辈或领导时。但我们有些人批评起来简直让他人无地自容，下不了台阶。其实，这种批评方式不但无法达到让他人改正错误的目的，还会有碍于你的人际关系发展。既然如此，为何还要使用这种"残酷"的手段呢？

在生活和工作中，我们要学会巧妙地批评，让他人既意识到自己的错误，并尽快改正，同时也理解你善意批评的意图，使他对你心存感激。或者批评之前先总结一下他人的优点，然后慢慢引入缺点。在他人尝到苦味之前，先让他吃点甜味，再尝这种苦味时就会好受些。

约翰娶了一个就是奉承也无法说漂亮的女士为妻，可是几个月之后，他妻子却变得像"窈窕淑女"一般美丽，跟从前简直是判若两人。

这位女士在结婚之前，不知为什么对自己的容貌有强烈的自卑感，因此很少打扮。当时因为是大战刚结束，物资极端贫乏，人们的穿着都很普通。当然，她也太不讲究了。不是不讲究，而是认知出现了偏差，认定自己不适合打扮。

她有一个非常漂亮的姐姐，这使她产生了强烈的自卑感。每当有人建议她"你的发型应该……"时，她都怒气冲冲地说："不用你管，反正我怎么打扮也不如姐姐漂亮。"她把自己的容貌未得到赞美的不满情绪转嫁到不打扮这一理由上，并且加以合理化。

约翰到底是怎样说服太太，使她发生变化的呢？根据他自己说，当太太穿不适合她的衣服时，他什么也不说，但是，当她穿上适合她的衣服时，他便夸奖说"真漂亮""你真是太有眼光了""不错，非常适合你"；发型、饰物也是如此。慢慢地，她对打扮有了信心，对于容貌所产生的自卑感自然也消除得无影无踪了。

间接指出别人的不足，要比直接说出口来得温和，且不会引起别人的反感。不管说话的目的是什么，我们都应该采取委婉的方式，这样效果会好很多。委婉是一种既温和婉转又能清晰明确地表达思想的谈话艺术，是运用迂回曲折的语言含蓄地表达本意的方法。

做人固然要正直、直率，但并不意味着说所有的话都要直言不讳，不适当的直言如同说反话一样，是一种消极和否定的语言暗示，会增加别人的心理压力，而恰当得体的委婉语言意味着积极的语言暗示。

总之，委婉说话不仅是一种策略，也是一门艺术。含蓄委婉地说话，正是待人圆滑的表现。作为一个现代人，应当有这种文明意识，掌握这一利于人际交流的语言表达方式，才能在为人处世中得心应手。

要不耻"下问",更要乐于"上问"

不耻"下问"是涵养,乐于"上问"是聪明。

孔子教导我们要"不耻下问",这早已被广为传诵。而会做事的人,单单不耻下问是满足不了那颗求知欲极强的心的,所以在"下问"的同时,更要乐于"上问"。"上问"就是向领导、向比自己强的人请教。

小何和小周是同一所名牌大学的毕业生,他们的成绩都很优秀。两人分配到同一家单位。一年以后,小何被提升为部门主管,小周则调到公司下属的一家机构,职位明升实降。这是为什么呢?

事情是这样的:他们分配到该单位后,领导各交给他们一项工作。小何在分析调查之后,提出了若干方案给领导看,又向领导逐条分析利弊,最后向领导请教,选用哪个方案。这时,领导对他的分析已经很信服,当然采用了他所推荐的那个方案。然后,他又问领导如何具体实施。

领导说:"你自己放手干吧,年轻人比我们有干劲。"

小何连忙说:"我刚来,一切都不熟悉,还得多听领导的意见。"

因为小何的态度谦恭,意见又到位,领导很满意,当即向几个部门的负责人打电话,让他们大力协助小何的工作。

因为有了领导的交代,小何在实施自己的方案时又时时注意与各部门人员协调,他的工作完成得又快又好。

小周呢?

他也做了精心的准备,方案也设计得十分到位。但他一心沉浸在工作的热情中,全然不记得要向领导请示一下。

"还是我自己来吧!"小周想。

在小周的心目当中,领导是开明的,既然说过让他全权处理,自然也不会干涉，但也没有和下面人交代什么。

但是，等到小周把自己的计划付之于实践时，各部门人员见他是新来的，免不了有些怠慢，小周心直口快，与人争执了起来，这可惹了麻烦，导致他的工作处处受阻，最后计划中途停止。

许多刚刚步入职场的年轻人都有这样那样的顾虑,羞于向领导请教。其实，这些顾虑着实没必要。善于思考、勤奋爱问的年轻人，总是会得到上司的重视，也很可能令其对你另眼相看。这样会做事的人，有谁会不喜欢呢？

语言简洁明了，切忌喋喋不休

现实中，大多数人都受不了啰唆的废话，如果你的废话让人感到难受了，显然不会得到别人的尊重。他可能会在你仍唾沫横飞、滔滔不绝的时候拂袖而去，或者是碍于颜面、心怀鄙夷、很不耐烦地忍受下去。

马克·吐温是美国的幽默大师、作家，19世纪后期美国现实主义文学的杰出代表之一，同时也是著名的演说家。

有一次，马克·吐温去听一位牧师传教。刚开始时，马克·吐温对牧师的传教演说很有好感，作为回报，马克·吐温准备把身上所有的钱都捐出去。然而一个小时过去了，这位牧师还没结束他的演说。这让马克·吐温失去耐心了，他决定留下身上的整钱，只把零钱捐出去，因为牧师已经让马克·吐温感到厌烦了。又过了半个小时，这位牧师还在没完没了地讲个不停，丝毫没有罢休的意思。看不到头的马克·吐温失望了，他决定一分钱也不掏了。马克·吐温就这样一直忍受着，终于等到体力充沛的牧师结束了他的演说。已经接近愤怒的马克·吐温起身离开时，没有捐一分钱。

还有一个故事：

当马克·吐温还是一名普通船员的时候，罗克岛铁路公司打算建一座大桥，把罗克岛和达文波特两个城市连接起来。

当时，轮船是运输小麦、熏肉和其他物资的重要工具。所以，轮船公司把水运权当成上帝赐予他们的特权。一旦铁路桥修建成功，自然也就葬送了他们的特权，断了他们的财路。因此，轮船公司千方百计地对修桥提案进行阻挠。于是，美国运输史上最著名的一个案子开庭了。

时任轮船公司辩护律师的韦德，是当时美国法律界很有名的铁嘴。法庭辩论的最后一天，听众云集。韦德站在那儿滔滔不绝，足足讲了两个小时。等到罗克岛铁路公司的律师发言时，听众已经显得非常不耐烦了。这正是韦德的计谋，他想借此击败对手，因为观众和陪审团已经失去耐心了，哪里还听得进对方律师的辩护。然而，大出韦德意外的是那位律师只说了一分钟。不可思议的一分钟，令这个案子就此闻名。

只见那位律师站起身来平静地说："首先，我对控方律师的滔滔雄辩表示钦佩。然而，陆地运输远比水上运输重要，这是任何人都改变不了的事实。陪审团各位，你们要裁决的唯一问题是，对于未来发展而言，陆地运输和水上运输哪一个更重要，哪一个不可阻挡。"

片刻之后，陪审团做出裁决，建桥方获胜。那位律师高高瘦瘦，衣衫简陋，他的名字叫——亚伯拉罕·林肯。

韦德之所以用两个小时滔滔不绝，一方面是在炫耀自己的口若悬河，另一方面也是存心拖延时间，好让林肯在发言的同时替自己接受听众的厌烦。但是他不仅错估了听众厌烦的剧烈程度，而且也低估了对手林肯的机智反应。这样一来，相比较林肯的言简意赅，韦德的慷慨陈词不但没能加深陪审团的印象，反而愈发惹人生厌。

这个案子很著名，林肯还用类似的方法打赢了另外一场官司：

这一次，林肯还是作为被告人的辩护律师出庭辩护。原告律师将一个简单的论据翻来覆去地陈述了两个多小时，使听众的耳朵饱受摧残。轮到林肯辩护时，为了保护听众的耳朵不再受到折磨。林肯做的只是：先把外衣脱下放在桌上，然后拿起玻璃杯喝了口水，接着重新穿上外衣，然后又喝水，这样的动作反复了五六遍。林肯始终一言未发，然而听众个个心领神会，不禁哈哈大笑。在笑声中，林肯才开始了他的辩护演说。

是的，喋喋不休是很让人头疼的一件事情，有时候一句简洁明了的话胜过长篇大论。

众所周知，任何人都不喜欢别人喋喋不休地向自己灌输，所以，试着简明扼要地表达出你的想法，让对方一下就能明白你的意思，这样沟通的效果会很不错。

"立片言以居要"，说话应当简洁明了，突出重点，切忌喋喋不休。

尝试着驾驭话题

人们都喜欢与自己的好友东拉西扯、谈天说地，因为这是一件很有趣、很轻松的事情，在聊天时既可以从中满足自己"挥斥方遒""指点江山"的宣泄欲望，又不必为话题的终止而感到尴尬。然而跟一个不太熟悉的人聊天却不是一件容易的事情：我们不知道对方最得意的话题是什么，最感兴趣的话题又是什么，对方最忌讳的话题是什么也不好琢磨；不去交谈点什么又觉得气氛尴尬。因此，这很让人头疼。

为了解决这一问题，以下列出了一些行动方案：

首先，从了解对方开始。如果我们有足够时间准备的话，对方的身份、性格、经历是要最先予以关注的。"话不投机半句多"，如果一开始我们说的话就和对方的性格相抵触的话，话题自然不好展开，因此我们首先要做的就是投其所好，从对方最得意或者是最感兴趣的话题说起。

只要曾经拜访过罗斯福的人，都会惊讶于他的博学。不论是政治家还是外交官，他都能针对对方的兴趣展开话题。其实这个道理很简单，当罗斯福知道访客的特殊兴趣后，他会预先研读这方面的资料以作为聊天的话题。因为罗斯福知道，要抓住人心的最佳方法，就是谈论对方感兴趣的事情。

在耶鲁大学任教的威廉·费尔浦斯教授，是个有名的散文家。他在散文集《人类的天性》中写道："在我8岁的时候，有次到莉比姑妈家度周末。傍晚时分，有个中年人来访。他跟姑妈热烈地寒暄过一阵之后，便把注意力转向我。那时，我正对船只很感兴趣，这位访客便滔滔不绝讲了许多有关船只的事，而且讲得十分生动有趣。等他离开之后，我意犹未尽，一直向姑妈提起他。姑妈告诉我，他在纽约当律师，根本不可能对船只感兴趣。我问道：'既然如此，那他为什么一直跟我谈船只的事情呢？'姑妈回答：'因为他是个有风度的绅士。他看你对船只感兴趣，为了让你高兴并赢取你的好感，他当然要这么说了。'"

威廉·费尔浦斯最后写道："我永远也不会忘记姑妈所说的话。"

谈论对方最感兴趣的事情，自然可以激发出对方的热忱，对方与你聊起天来自然也就滔滔不绝了。

从对方的经历开始，交谈就会顺利得多，可是当我们第一次与陌生人交谈时，我们无从了解。如此，我们可以参考以下的事例。

一个人正坐在火车上，他已坐了很久，而前面还有很长的路程。坐在他旁边的像是一个有趣的家伙，他颇想知道对方的底细，便搭讪道："对不起，你有火柴吗？"可是对方一句话也不讲，只是点点头，从口袋里掏出一盒火柴递给他。他点了一支烟，在把火柴还给对方的时候说了声"谢谢"，对方又点了点头，然后把火柴放进了口袋里。他继续说："真是一段又长又讨厌的旅程，你是否也有这种感觉？""是的，真讨厌。"对方同意着，而且语调中包含着不耐烦的意味。"若看看一路上的稻田，倒会使人高兴起来。在稻谷收获之前的一两个月，那一定更有趣。""唔，唔！"对方含混地答应着。

这时，他再也没有勇气说下去了。他在农业方面给对方一个表现兴趣的机会，对方若是个农夫，接下来一定会发表一番看法，可惜对方对农业不感兴趣。于是一番思考后，话题又重新开始了。

"天气真好，爽快极了！"他说，"真是理想的踢球时节。今年秋季有好几个大学的球队都很出色呢！"那位坐在他身旁的乘客直起身来。"你看理工大学球队怎么样？"对方问。他回答："理工大学队很好，虽然有几个老将已经离队，然而几位新人都很不错。""你曾听过一个叫×××的队员吗？"对方急着问。这样一来他就知道对方似乎和这个×××有点关系，于是他说："他是一个强壮有力、有技巧，而且品行很好的青年。理工大学队如果少了这位球员，恐怕实力将会大减。但是他快要毕业了，以后这个队如何还很难说。"对方听了这话便兴高采烈、滔滔不绝地谈了起来。

出于防备心理，有些场合，人们不喜欢开口和陌生人说话。在这种时候，应该学会去激起谈话对象的某种情绪或是兴趣，这样他便会滔滔不绝。

会说话的人，总是很会观察在自己说话的过程中，对方的反应如何，他们懂得抓住对方感兴趣的瞬间，来调整自己的谈话内容。

这就好比我们上学时学校里的老师，有人讲课非常吸引人，而在有些老师的课堂上，学生们已经昏昏欲睡。有的老师站在讲台上，只管低着头读讲义，有的老师从黑板的一端写到另一端，只会让学生做笔记……这些老师根本没有意识到学生的存在，在他们看来，讲课只是单方面的个人行为，只要在规定的时间里，把自己想讲的课程讲完就算万事大吉，他们从不考虑学生的反应，这种教育方法是最差的。

所以如果想吸引对方听自己说话，就必须在说话的时候不断观察听话者的表情、反应，判断对方是否有兴趣听自己讲话。然后根据判断，适当改变自己的说话方式，直到对方感兴趣为止。如果对方根本没有心情听，而你还在拼命地讲，那谈话也就失去了意义。

第五章

在自己的节奏里,走好每一步

知道自己要去哪儿,全世界都会为你让路

人之一生,背负的东西太多太多,钱、权、名、利,都是我们想要的,一个也不想放下,压得我们喘不过气来。人生中,有时拥有的东西太多太乱,而我们的心思太复杂、负荷太沉重、烦恼太无绪,诱惑我们的事物太多。生命如舟,载不动太多的欲望,怎样使之在抵达彼岸的过程中不搁浅或沉没?我们是否该选择放下,丢掉一些不必要的包袱,那样我们的旅程也许会多一些从容。

明白自己真正想要的东西是什么,并为之奋斗,如此才不枉费这仅有一次的人生。英国哲学家伯兰特·罗素说过,动物只要吃得饱、不生病,便会觉得快乐了。人也该如此,但大多数人并不是这样。很多人忙碌于追逐事业上的成功而无暇顾及自己的生活。他们在永不停息的奔忙中忘记了生活的真正目的,忘记了什么是自己真正想要的。这样的人只会看到生活的烦琐与牵绊,而看不到生活的简单和快乐。

我们的人生要有所获得,就不能让诱惑自己的东西太多,不能让努力的方向过于分散。我们要简化自己的人生,要学会有所取舍,要学习经常否定自己,把自己生活中和内心里的一些东西断然放弃掉。

仔细想想你的生活中有哪些诱惑因素,是什么一直干扰着你,让你的心灵不能安宁,又是什么让你坚持得太累,是什么在阻止着你的快乐。把这些让你不快乐的包袱通通扔弃。只有放弃人生田地和花园里的这些杂草害虫,我们才

有机会同真正有益于自己的人和事亲近，才会获得适合自己的东西。我们才能在人生的土地上播下良种，致力于有价值的耕种，最终收获丰硕的成果，在人生的花园采摘到美丽的花朵。

所以，仔细想想你在生活中真正想要什么？认真检查一下自己肩上的背负，看看有多少是我们实际上并不需要的，这个问题看起来很简单，但是意义深刻，它对成功目标的制定至关重要。

要得到生活中想要的一切，当然要靠努力和行动。但是，在开始行动之前，一定要弄清楚，什么才是自己真正想要的。要打发时间并不难，随便找点儿什么活动就可以应付，但是，如果这些活动的意义不是你设计的本意，那你的生活就失去了真正的意义。你能否提高自己的生活品质，并且使自己感到满足、有所成就，完全看你能否决定自己真正需要什么，然后能否尽量满足这些需要。

生活中最困难的一件事就是要弄清楚我们自己究竟想要什么。大多数人都不知道自己真正想要什么，因为他们不曾花时间来思考这个问题。面对五光十色的世界和各种各样的选择，我们更不知所措，所以我们会不假思索地接受别人的期望来定义个人的需要和成功，社会标准变得比我们自己特有的需求还要重要。

我们总是太在意别人的看法，以致下意识地接受了别人强加于我们的种种动机，结果，努力过后才发现自己的需求一样都没能满足。更复杂的是，不仅别人的意见影响着我们的欲望，我们自己的欲望本身也是变化莫测的。它们因为潜在的需要而形成，又因为不可知的力量随时发生变化。我们经常得到过去十分想要，而现在却不再需要的东西。

如果有什么原因使我们总是得不到自己想要得到的东西，这个原因就是你并不清楚自己到底想要什么。在你决定自己想要什么、需要什么之前，不要轻易下结论，一定要先做一番心灵探索，真正地了解自己，看清自己的目标。只有这样，你才能在生活中满意地前进。

有了方向，人生才不迷茫

比塞尔是西撒哈拉沙漠中的一颗明珠，每年都会有数以万计的旅游者来到这儿。可是在肯·莱文发现它之前，这里还是一个封闭落后的地方。这儿的人没有一个走出过大漠，据说，不是他们不愿离开这块贫瘠的土地，而是尝试过很多次都没能走出去。

肯·莱文当然不相信这种说法。他用手语向这儿的人问原因，结果每个人的回答都一样：从这儿无论向哪个方向走，最后还是转回到出发的地方。为了证实这种说法，肯·莱文做了一次试验，从比塞尔村向北走，结果三天半就走了出去。

比塞尔人为什么走不出来呢？肯·莱文非常纳闷，最后只得雇了一个比塞尔人，让他带路，看看到底是怎么回事。他们带了半个月的水，牵了两头骆驼，肯·莱文收起指南针等现代设备，只拄一根木棍跟在后面。

十天过去了，他们走了几百英里的路程，第十一天早晨，果然又回到了比塞尔。

这一次，肯·莱文终于明白了，比塞尔人之所以走不出大漠，是因为他们根本就不认识北斗星。在一望无际的沙漠里，一个人如果凭着感觉往前走，他会走出许多大小不一的圆圈，最后的足迹十有八九是一把卷尺的形状。比塞尔村处在浩瀚的沙漠中间，方圆上千公里没有一点儿参照物，若不认识北斗星又没有指南针，想走出沙漠，确实是不可能的。

肯·莱文在离开比塞尔时，带了一位叫阿古特尔的青年，就是上次和他合作的人。他告诉这位汉子，只要你白天休息，夜晚朝着北极星走，就能走出沙漠。阿古特尔照着去做了，三天之后果然来到了大漠的边缘。阿古特尔因此成为比塞尔的开拓者，他的铜像被竖立在小城的中央。铜像的底座上刻着一行字：

新生活是从选定方向开始的。

正如上述例子的最后一句话，人生也同样如此。人生自然有自我存在的价值，选择一个目标，就等于明确了人生的方向，这样才不至于迷失。

一个人如果没有自己的人生观，没有人生的方向，没有确定自己活着究竟要做一个什么样的人、做什么事，只是跟着环境在转，这就犯了庄子所说的"所存于己者未定"的毛病，那将是人生最悲哀的事。

一个辉煌的人生在很大程度上取决于人生的方向，个人的幸福生活也离不开方向的指引。确立人生的方向是人一生中最值得认真去做的事情。你不仅需要自我反省、向人请教"我是什么样的人"，还需要很清楚地知道"我究竟需要什么"，包括想成就什么样的事业、结交什么样的朋友、培养和保留什么样的兴趣爱好、过一种什么样的生活。这些选择是相对独立的，却是在一个系统内的，彼此是呼应的，从而共同形成人生的方向。

摩西奶奶是美国弗吉尼亚州的一位农妇，76岁时因关节炎放弃农活，这时她给了自己一个新的人生方向，开始学习她梦寐以求的绘画。80岁时，她到纽约举办画展，引起了意想不到的轰动。她活了101岁，一生留下绘画作品600余幅，在生命的最后一年还画了40多幅。

不仅如此，摩西奶奶的行动也影响到了日本大作家渡边淳一。渡边淳一从小就喜欢文学，可是大学毕业后，他一直在一家医院里工作，这让他感到很别扭。马上就30岁了，他不知该不该放弃那份令人讨厌却收入稳定的工作，转而从事自己喜欢的写作。于是他给耳闻已久的摩西奶奶写了一封信，希望得到她的指点。摩西奶奶当即给他寄了一张明信片，上面写了这么一句话："做你喜欢做的事，上帝会高兴地帮你打开成功之门，哪怕你现在已经80岁了。"

人生是一段旅程，方向很重要。只有掌握了自己人生的方向，每个人才可以最大化地实现自己的价值。

找到人生方向的人是快乐的，他们的生活与他们所向往的人生方向是相一致的，这样的生活也让他们的生命更加有意义。

天大地大，总有适合你的路

静谧的非洲大草原上，夕阳西下。一头狮子在沉思：明天当太阳升起，我要奔跑，以追上跑得最快的羚羊；此时，一只羚羊也在沉思：明天当太阳升起，我要奔跑，以逃脱跑得最快的狮子。

后来，这头狮子发现了这只羚羊，追了半天也没追上。别的动物笑话狮子，狮子说："我跑是为了一顿晚餐，而羚羊跑却是为了一条命，它当然跑得比我快了。"

是的，无论你是狮子还是羚羊，当太阳升起的时候，你要做的就是奔跑，尽管有的为晚餐，有的为生命。因为目的从来是没有过失的，况且我们处于不同的角色中。

也许你奔跑了一生，也没有到达终点；也许你奔跑了一生，也没有登上峰顶。但是抵达终点的不一定是勇士；失败了的，也未必不是英雄。不必太关心奔跑的结局如何。奔跑了，就问心无愧；奔跑了，就是成功的人生。

人生之路，无须苛求。只要你奔跑，找到适合自己的坐标，路就会在你脚下延伸，人的生命就会真正创新，智慧就会得以充分发挥。

生活中，那些所谓的成功者总是被善意地夸大、美化，好像他们一生下来就注定是不平凡的人，而那些曾和你我一样的凡人，却在一遍又一遍地演绎着试图证明自己不是凡人的闹剧。一次又一次的失败之后，凡人开始觉得其实自己也不过是一个凡人。正是由于发现了这一点，所有一切事情的得失就似乎都算不了什么了。一次次相遇的错过，一次次失去的优越条件，一次次失败……凡人问自己："这难道就是凡人的悲哀吗？"人就是凡人，凡人就有凡心，于是凡人对自己说："何必沮丧呢？我为什么要庸人自扰地看着别人的角色而懊丧呢？这个世界一定有一种角色是适合我的。"

凡人渐渐发现，凡人也有成功的时候，一个善意的赞扬，一次深深的感动，一次不菲的收获……都意味着凡人的成功。"成功"这个词并不意味着像爱因斯坦那样闻名于世，像爱迪生那样造福人类……凡人终于知道所有的成功并不一定要轰轰烈烈，也并不一定要出人头地，只要把握好自己的角色，好好地活着，不在烦恼中虚度光阴，茫茫人海中，凡人也是不平凡的……

停下匆匆的脚步，倾听内心的声音

很多时候，我们的内心都为外物所遮蔽、掩饰，浮躁的心态占领了我们的整颗心，因此在人生中留下许多遗憾：在学业上，由于我们还不会倾听内心的声音，所以盲目地选择了别人为我们选定的、他们认为最有潜力与前景的专业；在事业上，我们故意不去关注内心的声音，在一哄而起的热潮中，我们也去选择那些最为众人看好的热门职业；在爱情上，我们常因外界的作用扭曲了内心的声音，因经济条件、地位等非爱情因素而错误地选择了爱情对象……我们惯于为自己做各种周密而细致的盘算，权衡着可能有的各种收益与损失，但是，我们唯一忽视的，便是去听一听自己内心的声音。

一位老师问他的学生："你心目中的人生美事为何？"学生列出一张"清单"：健康、才能、美丽、爱情、名誉、财富……谁料，老师不以为然地说："你忽略了最重要的一项——心灵的宁静，没有它，上述种种都会给你带来可怕的痛苦！"

繁忙紧张的生活容易使人心态失衡，如果患得患失，不能以宁静的心灵面对无穷无尽的诱惑，我们就会感到心力交瘁或迷惘躁动。

唯有心灵宁静，才不眼热权势显赫，不奢望金银成堆，不乞求声名鹊起，不羡慕美宅华第，因为所有的眼热、奢望、乞求和羡慕，都是一厢情愿，只能加重生命的负荷，加剧心力的浮躁，而与豁达康乐无缘。

我们很忙，行色匆匆地奔走于人潮汹涌的街头，浮躁之心油然而生，这也是我们不去倾听内心声音的一个缘由。我们找不到一个可以冷静驻足的理由和机会。现代社会在追求效率和速度的同时，使我们作为一个人的优雅在逐渐丧失。那种恬静如诗般的岁月于现代人已成为最大的奢侈。内心的声音，便在这种繁忙与喧嚣中被淹没。物质的欲望在慢慢吞噬人的性灵和光彩，我们留给自己的内心空间被压榨到最小，我们狭隘到已没有"风物长宜放眼量"的胸怀和眼光。我们开始患上种种千奇百怪的心理疾病，心理医生和咨询师在我们的城市也渐渐走俏，我们去求医、去问诊，然后期待在内心喑哑的日子里寻求心灵的平衡。

老街上有一位老铁匠。由于早已没人需要打制铁器，现在他改卖铁锅、斧头和拴小狗的链子。他的经营方式非常古老和传统，人坐在门内，货物摆在门外，不吆喝，不还价，晚上也不收摊。你无论什么时候从这儿经过，都会看到他在竹椅上躺着，手里是一个半导体，身旁是一把紫砂壶。

他的生意也没有好坏之说。每天的收入够他喝茶和吃饭。他老了，已不再需要多余的东西，因此他非常满足。

一天，一个文物商从老街上经过，偶然看到老铁匠身旁的那把紫砂壶，因为那把壶古朴雅致，紫黑如墨，有清代制壶名家戴振公的风格。他走过去，顺手端起那把壶。

壶嘴内有一记印章，果然是戴振公的，商人惊喜不已。因为戴振公在世界上有捏泥成金的美名，据说他的作品现在仅存3件，一件在美国纽约州立博物馆里；一件在台北故宫博物院；还有一件在泰国某位华侨手里，是1993年在伦敦拍卖市场上以16万美元的拍卖价买下的。

商人端着那把壶，想以 10 万元的价格买下它。当他说出这个数字时，老铁匠先是一惊，后又拒绝了，因为这把壶是他爷爷留下的，他们祖孙三代打铁时都喝这把壶里的水。

壶虽没卖，但商人走后，老铁匠有生以来第一次失眠了。这把壶他用了近 60 年，并且一直以为是把普普通通的壶，现在竟有人要以 10 万元的价钱买下它，他转不过神来。

过去他躺在椅子上喝水，都是闭着眼睛把壶放在小桌上，而现在把茶壶放到桌上后，他总要坐起来再看一眼，这让他非常不舒服。特别让他不能容忍的是，当人们知道他有一把价值连城的茶壶后，蜂拥而至，有的问还有没有其他的宝贝，有的开始向他借钱，更有甚者，晚上悄悄跑到他家里，想偷走这把壶。他的生活被彻底打乱了，他不知该怎样处置这把壶。

当那位商人带着 20 万元现金，第二次登门的时候，老铁匠再也坐不住了。他招来左右店铺的人和前后邻居，拿起一把斧头，当众把那把紫砂壶砸了个粉碎。

现在，老铁匠还在卖铁锅、斧头和拴小狗的链子，据说他已经 102 岁了。

宁静可以沉淀出生活中许多纷杂的浮躁，过滤出浅薄粗俗等人性的杂质，可以避免许多鲁莽、无聊、荒谬的事情发生。宁静是一种气质、一种修养、一种境界、一种充满内涵的悠远。安之若素，沉默从容，往往要比气急败坏、声嘶力竭更显涵养和理智。

目标的高度决定人生的高度

一个人如果失去了目标，就失去了努力的方向，就会成为在原地徘徊的庸人。

人生的目标有大小之分，有人说目标向上看是信仰，向下看是意识；向远看是志向，向近看是计划；向外看是抱负，向内看是责任。这就是说，任何伟大的目标，在没有植入你的内心或没有成为切实可行的计划之前，都是一种空想，只能画饼充饥，毫无现实意义。只有靠切实的行动，才能实现自己的目标。

人生中最大的目标可以说是理想。积极的人，必然有远大的理想。理想是对未来的追求，是远方的诱惑，它给人战无不胜的力量，所以有人说，理想是人生的太阳。

著名诗人流沙河曾这样描写理想：

理想使忠厚者常遭不幸，
理想使不幸者绝处逢生。
平凡的人因有理想而伟大，
有理想者就是一个"大写的人"。
....

一个拥有远大理想的人，通常也会拥有执着的心态并付诸行动。他不会为了一时的安逸而不思进取，甚至放弃自己的远大目标。他们的手中，都会有一架望远镜，用来眺望人生的最前方。

拥有目标的人总比消极待事者更具爆发力，更能创造出好的成绩。

目标是人们经过深入思考后获得的一种美好的愿望，它具有坚定性和稳定性，一旦形成，很难改变。因此，目标能使人迸发出生命的潜力，忍受身心的折磨和痛苦，使人爆发出巨大的勇气和能量。

有两位同样年届 70 的老太太，一位认为这个年纪已是"古来稀"了，于是开始料理后事，不久就告别人世了。而另一位却不在乎自己的年龄，她要做自己喜欢的事，于是她制订了一个学习登山的计划，冒险攀登高山，先后登上了几座世界名山，在 95 岁高龄时，她竟然登上了日本的富士山，打破了登此山的最高年龄纪录。她就是美国鼎鼎有名的胡达·克鲁斯老太太。

不同的目标促使人产生不同的心态，不同的情绪会导致人做出不同的行为。所以树立正确的、强烈的目标会使你的人生充实而有意义。

每个人给自己的人生赋予的色彩是丰富多彩的还是暗淡无光的，全看你制定了什么样的目标。可见，目标对个性的发展具有决定性的作用。

有一个有趣的现象，那就是运动员在竞争激烈时的表现，通常比平时训练时要好得多，这是体育比赛已证实的。高尔夫球选手、网球运动员、足球运动员、拳击选手都有一种趋势，他们在普通比赛时惯于虚度光阴，这就是为什么体育世界中有许多"轻微的病"。

如果是真正的竞争，你就得设定清晰的目标，它刺激你，使你尽最大的努力。当你处于最佳状态、尽最大努力时，晚上躺在床上，你才能对自己说："今天我尽了最大的努力了。"然后很满足地睡去。只要你找到伟大的目标，就不会到头来仅得到少数无价值的事物，远大的目标会激发你全身的荷尔蒙，让你充满力量。如果生命充满了力量与刺激，你就会更有干劲。

你对生命的看法，大体决定了你能从生命中得到什么。取一块铁条，将它制成门的制动器，它就值 1 美元；用来制作马掌，它就值 50 美元；将它精炼成优良的钢，并且用来制造钟表的主发条，它就值 20 000 美元。

看待铁条的方式不同，它最终的价值就会不同。同理，你对未来的不同看法也会产生不同的结果，使你拥有不同的未来。不管你是一个美容师、家庭主妇、运动员，还是学生、推销员或商人，你都应该有一个清晰的目标。布克·华盛顿曾说："人以达到目标所克服的障碍之大小，来衡量其成就的大小。"

积极者拥有远大的目标，它就像一个望远镜一样，让你看到更远处的美丽风景，而不是只局限于眼前的狭小天地。

用自己的脚走自己的路

　　一位父亲和儿子出征打仗。父亲已做了将军，儿子还只是马前卒。又一阵号角吹响，战鼓擂响了，父亲庄严地托起一个箭囊，其中插着一支箭，他郑重地对儿子说："这是家传宝箭，佩带在身边，你将力量无穷，但千万不可抽出来。"

　　那是一个极其精美的箭囊，由厚牛皮打制，镶着幽幽泛光的铜边儿，再看露出的箭尾，一眼便能认定是用上等的雕翎制作的。儿子喜上眉梢，贪婪地推想箭杆、箭头的模样，耳旁仿佛有"嗖嗖"的箭声掠过，他想象着敌方的主帅应声落马而毙的场景。

　　果然，佩带宝箭的儿子英勇非凡，所向披靡。当鸣金收兵的号角吹响时，儿子再也禁不住得胜的豪气，完全忘记了父亲的叮嘱，强烈的欲望驱使着他"呼"的一下就抽出宝箭，试图看个究竟。骤然间，他惊呆了———一支断箭，箭囊里装着一支折断的箭。

　　"我一直带着断箭打仗呢！"儿子吓出了一身冷汗，必胜的信念仿佛顷刻间失去支柱的房子，轰然坍塌了。

　　结果不言自明，儿子惨死于乱军之中。

　　拂开蒙蒙的雾气，父亲捡起那支断箭，沉重地说道："不相信自己的意志，永远也做不成将军。"

　　那个儿子的悲哀就在于他将自己的性命系于外物，想依赖父亲的宝箭来寻求一种安全感。这种用依赖得来的信念十分脆弱，当依赖的人或物消失时，他的信念就会破灭，他就会走向必然的失败。

　　对我们来说，生活中最大的危险，就是依赖他人来保障自己。"让你依赖，让你靠"，就如同伊甸园中的蛇，总在你准备赤膊努力一番时引诱你。它会对你说："不用了，你根本不需要。看看，这么多的金钱，这么多好玩、好吃的东西，你享受都来不及呢……"这些话，足以抹杀一个人意欲前进的雄心和勇气，阻止一个人利用自身的资本去换取成功的快乐，让你日复一日地在原地踏步，止水一般停滞不前，以至于你到了垂暮之年，终日为一生无为而悔恨不已。

而且，这种错误的心理还会剥夺一个人本身具有的独立的能力，使其依赖成性，只能靠拐杖而不想自己一个人走。有了依赖，就不想独立，其结果是给自己的未来挖下失败的陷阱。而摆脱依赖的方法其实很简单，就是要学会自己走路，走自己的路。

走自己的路就意味着我们遇事要学会自己拿主意，要敢于坚持自己的想法，而不是总让别人替自己出主意或者是受别人言论的影响。明朝名人吕坤特别反对这种没有主见的毛病。他说，如果做事怕人议论，做到中间一有人提出反对意见，就不敢再做下去了，这不仅说明这个人没有"定力"，也说明其没有"定见"。没有定见和定力，就不是一个独立自主的人。吕坤说，做人做事，首先要能独立思考，明辨是非，选择正确的立场观点。吕坤进一步说，每个人的想法都不会完全一致，我们不能要求人人的看法都与自己相同。因此我们做事要看我们想达到的目标和效果，而不要过于顾虑事前一些人的议论；等你把事情做好了，那些议论自然也停止了。即使事情没做成，只要是正确的，就是应当做的，论不得成败。

意大利著名女影星索菲亚·罗兰就是一个能够坚持自己的想法、很有主见的人。她16岁时来到罗马，要圆她的演员梦。但她从一开始就听到了许多不利的意见。用她自己的话说，就是她个子太高、臀部太宽、鼻子太长、嘴太大、下巴太小，根本不像电影演员，更不像一个意大利式的演员。制片商卡洛看中了她，带她去试了许多次镜，但摄影师们都抱怨无法把她拍得美艳动人，因为她的鼻子太长、臀部太"发达"。于是卡洛对索菲亚说，如果你真想干这一行，就得把鼻子和臀部"动一动"。索菲亚可不是个没主见的人，她断然拒绝了卡洛的要求。她说："我为什么非要长得和别人一样呢？我知道，鼻子是脸庞的中心，它赋予脸庞以性格，我就喜欢我的鼻子和脸保持它的原状。至于我的臀部，那是我的一部分，我只想保持我现在的样子。"她决定不靠外貌而是靠自己内在的气质和精湛的演技来取胜，她没有因为别人的议论而停下奋斗的脚步，也没有因为别人的"意见"而对自己做调整。她成功了，那些有关她"鼻子长、嘴巴大、臀部宽"的议论都消失了，这些特征反倒成了美女的标准。索菲亚在20世纪即将结束时，被评为该世纪"最美丽的女性"之一。

索菲亚·罗兰在她的自传《爱情与生活》中这样写道："自我开始从影起，我就出于自然的本能，知道什么样的妆容、发型、衣服和保健最适合我。我谁也不模仿。我从不去奴隶似的跟着时尚走。我只要求看上去就像我自己，非我莫属……衣服的原理亦然，我不认为你选这个式样，只是因为×××告诉你，该选这个式样。如果它合身，那很好。但如果还有疑问，那还是尊重自己的鉴别力，拒绝它为好……衣服方面的高级趣味反映了一个人健全的自我洞察力，以及从新式样中选出最符合个人特点的式样的能力……你唯一能依靠的、真正实在的东西……就是你和你周围环境之间的关系，你对自己的估计，以及你愿意成为哪一类人的估计。"

索菲亚·罗兰谈的是化妆和穿衣一类的事，但她却深刻地触到了做人的一个原则，就是凡事要有自己的主见，要学会自己拿主意，而"不去奴隶似的"盲从别人。

心理学家认为，一个具有健康人格的人是自由的人，而自由主要体现在这个人能够自主地、有选择地支配自己的行为。这种自主感不是凭空产生的，其中很大一部分来自其少年时期对自由支配时间的体验。创造自己的自主空间，可以从下面几个方面做起：

一是，遇事先自己拿主意。遇事先想该怎么办，自己做主，然后再听取他人的意见，从中学到解决问题的经验和技巧，这样才能使智力有所增长，从而培养自主的能力。

二是，尝试着培养独立思考的能力。允许自己在一定的限度内犯错误，甚至允许自己做错。

三是，当你充满信心去实践自己的主张时，不要太依赖外部的帮助。当你遇到困难时，不要轻易向别人求援或接受他们的帮助，随着你的成长和成熟，你既要培养自己的责任心，又要有越来越多的独立性。你可以逐渐减少对他人的依赖和对他们的约束和服从，你可以有更多的自由去管理自己的事情。

四是，学会从小自己做决定。一旦做出决定，你就必须意识到要对选择的后果负责任。比如，一个人如果在他得到一星期的零花钱的第一天就把它花光了，那么他就必须尝尝那个星期其余几天没有钱的滋味。自主能力往往都是在几次成功与失败的过程中培养出来的，不要太在意失败。

我们的成功之路，是用自己的双脚走出来的；我们的人生舞台，是用自己的行动表现出来的。

能够充分发掘一个人的潜能的，不是外援，而是自助；不是依赖，而是自立。如果你总是让其他力量推着才能前行，那么，你的生命意义将大打折扣。

只有坚持自我的独立，用自己的脚走自己的路，才能走出一条属于自己的独特的成功之路。

选择自己的生活

《伊索寓言》中有一个关于乡下老鼠和城市老鼠的故事：城市老鼠和乡下老鼠是好朋友。有一天，乡下老鼠写了一封信给城市老鼠，信上这么写着："城市老鼠兄，有空请到我家来玩，在这里，可享受乡间的美景和新鲜的空气，过着悠闲的生活，不知意下如何？"

城市老鼠接到信后，高兴得不得了，立刻动身前往乡下。到那里后，乡下老鼠拿出很多大麦和小麦，放在城市老鼠面前。城市老鼠不以为然地说："你怎么能够老是过这种清贫的生活呢？住在这里，除了不缺食物，什么也没有，多么乏味呀！还是到我家玩吧，我会好好招待你的。"

乡下老鼠于是跟着城市老鼠进城去。

乡下老鼠看到那么豪华、干净的房子，非常羡慕。想到自己在乡下从早到晚都在农田里奔跑，以大麦和小麦为食物，冬天还得在那寒冷的雪地里搜集粮食，夏天更是累得满身大汗，和城市老鼠比起来，自己实在太不幸了。

聊了一会儿，他们就爬到餐桌上开始享受美味的食物。突然，"砰"的一声，门开了，有人走了进来。它们吓了一跳，飞也似的躲进墙角的洞里。

乡下老鼠吓得忘了饥饿，想了一会儿，戴起帽子，对城市老鼠说："还是乡下平静的生活比较适合我。这里虽然有豪华的房子和美味的食物，但每天都紧张兮兮的，倒不如回乡下吃麦子来得快活。"说罢，乡下老鼠就离开城市回乡下去了。

这则寓言使我们看到不同个性、习惯的老鼠，喜欢不同的生活。即使它们都曾经对别的世界感到好奇、有趣，但是，它们最后还是都回归到自己所熟悉的生活圈子中，并且都能得到各自简单而快乐的生活。

很多人总是会情不自禁地羡慕别人的生活，以为那就是最快乐的享受。其实，不切实际地改变自己，不但得不到简单和快乐，反而会给自己增添许多麻烦和苦恼。

正确的方向比努力更重要

一粒种子的方向是冲出土壤，寻找阳光。

"没有比漫无目的地徘徊更令人无法忍受的了。"这是《荷马史诗》中《奥德赛》里的一句至理名言。高尔夫球教练也总是说:"方向是最重要的。"其实,人生何尝不是如此?然而在现实生活中,有很多人都做着毫无方向的事情,过着漫无目的的生活。这种没有方向的人生注定是失败的人生。

人生并不是什么时候都需要坚强的毅力,毅力和坚持只在正确的方向下才会有用。在必败的领域,毅力和坚持只会南辕北辙,让人输得更惨。大多数情况下,人更需要的是分辨方向的智慧。

20世纪40年代,有一个年轻人,先后在慕尼黑和巴黎的美术学校学习画画。"二战"结束后,他靠卖自己的画为生。

一日,他的一幅未署名的画被他人误认为是毕加索的画而出高价买走。这件事情给了他启发。于是他开始大量地模仿毕加索的画,并且一模仿就是20多年。

20多年后,他一个人来到西班牙的一个小岛,渴望安顿下来,"筑一个巢"。他又拿起画笔,画了一些风景和肖像画,每幅都签上了自己的真名。但是这些画过于感伤,主题也不明确,没有得到认可。更不幸的是,当局查出他就是那位躲在幕后的假画制造者,考虑到他是一个流亡者,所以只判了他两个月的监禁。

这个人就是埃尔米尔·德·霍里。毋庸置疑,埃尔米尔有独特的天赋和才华,但是由于没有找准自己努力的方向,终于陷进泥淖,不能自拔。最可惜的是,他在长时间模仿他人的过程中渐渐迷失了自己,再也画不出真正属于自己的作品了。

对人生而言,努力固然重要,但是更重要的是选择努力的方向。

有一个年轻人,痴迷于写作。他每天笔耕不辍,用钢笔把稿件誊写得清清楚楚,寄给各地的杂志社、报社,然而,投出的稿子不是泥牛入海,就是只收到一纸不予采用的通知。他很苦恼,拿着稿子专门去请教一位名作家。作家看了他的稿子,只说了一句话:"你为什么不去练习书法呢?"

5年后，他凭着自己出众的硬笔书法作品加入了省书法协会。

正确的方向让我们事半功倍，而错误的方向会让我们误入歧途，甚至耽误一生。

对高尔夫球手来讲，方向就是门洞所在的位置，就是要击的下一个球；而对于人生而言，方向就是目标，就是朝着长远目标的方向逐步实现、完成的一个个小目标。

耶鲁大学历时20余年做了这样一项调查：在开始的时候，研究人员向参与调查的学生问了这样一个问题："你们有目标吗？"对于这个问题，只有10%的学生确认他们有目标。然后，研究人员又问了学生第二个问题："如果你们有目标，那么，你们是否把自己的目标写下来了呢？"这次总共有4%的学生的回答是肯定的。20年后，当耶鲁大学的研究人员在世界各地追访当年参与调查的学生时，他们发现，当年白纸黑字把自己人生目标写下来的那些人，无论是从事业发展还是生活水平上说，都远远超过了那些没有这样做的同龄人。不说别的，这4%的人所拥有的财富居然超过余下96%的人的总和。

上帝是公平的，它给予我们每个人一样的天空、一样的阳光、一样的雨露、一样的每天24小时。成功的人之所以能实现梦想，关键是他们在每次起程的那一刻就找准了前行的目标，尽管在前行的道路上，会遇到各种各样难以预料的挫折与磨难，但是有了方向的引领，再大的风雨也阻挡不了他们前行的脚步。古今中外，无数名人志士，无一不是在明确的人生方向的指引下，拨开云雾，实现自己的目标的。

在著名的物理学家爱因斯坦5岁时，父亲送给他一个罗盘。当他发现指南针总是指着固定的方向时，感到非常惊奇，觉得一定有什么东西深深地隐藏在这现象后面，他顽固地想要知道指南针为什么能指南。从那时起，他就把对电磁学等物理现象的研究作为他人生的方向，并一直执着地追求这个目标，终于成了世界上物理学科的"旗手"。

人生的方向，因人而异，各有不同。

找准方向，是让我们根据自己的实际情况，确立一个合理的目标，而不是不切实际地空想；找准方向，我们才能在生命的征程中沿着既定轨迹稳步前行；找准方向，我们才能用一生的力量，实现自己的梦想。

不艳羡他人，坚守自己的目标

别人的人生再辉煌，你也感受不到任何光和热，因为别人的辉煌与自己毫无关系。你所能做的就是耐住寂寞，认准自己的目标，然后一步步地向自己的目标迈进，千万不要被别人的成功晃花了眼。

在2006年之前，低调的张茵对于大众而言还是一张很陌生的面孔。一夜间，"胡润富豪榜"将这一当年中国女首富推出水面，这个颇具传奇色彩的商界红颜瞬间成为公众瞩目的焦点。

在美国《财富》杂志"2007年最有影响力商业女性50强"中，她被称为"全球最富有的白手起家的女富豪"！张茵已成为这个时代平民女性的榜样。

玖龙造纸有限公司，当这一企业红遍大江南北时，张茵也因此赢得了"废纸大王"的美誉。这个东北姑娘当年的泼辣闯劲至今还留在亲人的脑海里。

张茵出生于东北，走出校门后，做过工厂的会计，后在深圳信托公司的一个合资企业里做过财务工作。1985年，她曾有过当时看来绝好的机遇：分配住房，年薪50万港币……然而，张茵却只身携带3万元前往香港创业，在香港的一家贸易公司做包装纸的业务。

一直指导张茵的财富法则就是做事专注而坚定。看准商机就下手，全心全意去做事。对于中国的传统行业——造纸业，张茵情有独钟，倾注了很多的心血：从香港到美国，再到香港，继而把战场转向家乡，扩大到全世界，她的足迹随着纸浆的流动遍布全球。

最初入行的张茵以"品质第一"为本，坚决不往纸浆里面掺水，因触犯同行的利益吃尽了苦头，她曾接到黑社会的恐吓电话，也曾被合伙人欺骗。从未退缩的张茵凭借豪爽与公道逐渐赢得了同行的信任，废纸商贩都愿意把废纸卖给她，尽管她的粤语说得不好，但是诚信之下，沟通不是问题。

6年时间很快过去了，赶上香港经济蓬勃时期的张茵不但站稳了脚跟，而且还在完成资本积累的同时，把目光投向了美国市场。因为有了在香港积累的丰富创业实践经验和一定资本，加之美国银行的支持，1990年起，张茵的中南控股（造纸原料公司）成为美国最大的造纸原料出口商，美国中南有限公司先后在美建起了7家打包厂和运输企业，其业务遍及美国、欧亚各地，在美国各行各业的出口货柜中数量排名第一。

成为美国废纸回收大王后，独具慧眼的张茵有了新的想法：做中国的废纸回收大王！1995年，玖龙纸业在广东东莞投建。12年后，玖龙纸业产能已近700万吨，成为一家市值300多亿港元的国际化上市公司……

从张茵的身上，我们看到了她的专注与坚定。无论做什么事，都全身心地投入。只要全心全意想要做好一件事，只要沉着应对，无论遇到什么困难与挫折，都可以化险为夷。

有人说，挡住人前进步伐的不是贫穷或者困苦的生活环境，而是内心对自己的怀疑。但是，如果一个人内心里始终装着自己的目标，并且能够耐得住寂寞，静下心来为自己的目标积累能量，坚定不移地为实现自己的目标而努力，那么即使他贫穷到买不起一本书，仍然可以通过借阅来获得知识。

人若是耐不住寂寞，老是眼红别人的成就，则不免会产生愤懑之心，看不惯别人取得的成就，要么悲叹命运之苦，要么控诉社会不公，这样一来，难免会让自己陷入负面情绪当中，而影响了自己的前程。

多个目标=没有目标

一个农场主对新来的帮手汤米说:"没有一个目标就去犁地是不行的,你看,你都犁歪了,在这样弯曲的犁沟中,玉米会长得很混乱。你应该让你的眼睛盯住田地那边的某样东西,然后以它为目标,朝它前进。大门旁边的那头奶牛正好对着我们,现在把你的犁插入土地中,然后对准它,你就能犁出一条笔直的犁沟了。"

"好的,先生。"

10分钟以后,当农场主回来时,他看见犁痕弯弯曲曲地遍布整个田野。

"停住!停在那儿!你是怎么回事?不是告诉你朝着一个目标吗?"农场主愤怒地问汤米。

"先生,"汤米辩解道,"我绝对是一直按照你告诉我的在做,我以奶牛为目标走去,可是门口有三头奶牛,一头在左边,一头在中间,一头在右边。所以我只能朝着三个方向犁地。"

故事中的帮手汤米让很多人发笑,而在现实生活中,我们也许不知不觉地重演了很多次这个帮手的笑话。

伊格诺蒂乌斯·劳拉有一句名言:"一次做好一件事情的人比同时涉猎多个领域的人要好得多。"有太多的目标,在太多的领域内都付出努力,我们就难免分散精力,最终一事无成。

美国明尼苏达矿业制造公司(3M)的口号是:"写出两个以上的目标就等于没有目标。"这句话的智慧不仅体现在公司经营中,也体现在每个人的生活里。多个目标表面上给我们带来了更多选择,给我们留下了所谓的"退路",实际上却会对我们的生活造成混乱。

多个目标让我们无法集中精力。"年轻人事业失败的一个根本原因,就是他们的精力太过分散，有太多的目标，以至于一无所成。"这是戴尔·卡耐基在分析了众多个人事业失败的案例后得出的结论。多个目标看上去能够带给人更多选择，实际上却容易让人迷茫，不知道自己真正要的是什么。

王晓平是北京某高校的一名大四学生。对于一名大四的学生来说，出路无非有这样三条：考研继续深造、出国留学、就业。大多数学生都选择了这三条路中的一个作为目标，可是王晓平觉得这样太限制自己的发展了，自己应该什么都试试，多定几个目标，朝着每个方向都努力，有了更多的选项才能得到最优的选择。

于是王晓平早上去自习室复习考研，下午去各大招聘网站浏览信息，晚上在宿舍准备出国留学的资料和推荐信。几个月过去了，一切似乎都进展得相当顺利：他争取到了一家知名企业的实习机会，也拿到了一所不错的美国大学的offer，只是在研究生考试中发挥得不算理想。当别人问他到底要选择哪个的时候，王晓平却犯了难。

名企的实习很吸引他，美国大学的offer也同样充满了诱惑，同时，这次研究生考试的失利让他心有不甘，很想再试一次以证明自己的实力。他陷入了纠结，实习和申请留学的期限就要到了，他却还是无法做出决定。眼看着大家都走上了各自的人生轨道，朝着各自的目标奔去，他却还是停留在原地。最终他把两个机会都错过了，别人疑惑地问他原因，他说："我以为有多个目标能让我有更多选择，然而面对着这些选择，我实在不知道自己真正要的是什么，我害怕选择了一个就会为没选择另一个而后悔。"

表面看上去王晓平是个有目标的人，而且还雄心勃勃地朝着几个目标同时努力。然而最终他使自己陷入了生活的旋涡里，一片迷茫不知道人生的方向。纵然他朝几个目标同时付出了很多努力，结果却同那些没有目标的人相差无几。不知道自己真正要的是什么，纵然有再多的选项，也无法做出真正适合自己的选择。

多个目标会使自己处于低效率状态。那些同时有着很多目标的人把他们的精力消耗在了对选项的比较和取舍上，迟迟做不出选择，随之而来的就是消磨原有的工作热情，做事拖沓低效。

"一个目标"可以使人培养出迅速做决定的习惯，保持工作热情，使得工作效率大大提高。当一个人养成做事只有"一个目标"的习惯后，就可以有效地避免拖沓低效。

多个目标可能"看上去很美"，却只能让我们的精力分散，导致工作上的低效。当你有多个目标时，可以按照目标的重要性对它们进行一个简单的排序，也可以按照目标实现起来的难易程度或者实现时间的长短对它们进行取舍。无论你怎样取舍，最终目的只有一个：把多个目标简化为一个目标，提高工作效率。

成功源于一颗渴望成功的心

心界决定一个人的世界。只有渴望成功，你才能有成功的机会。

《庄子》开篇的文章是"小大之辩"。说北方有一片大海，海中有一条叫作鲲的大鱼，它非常大，没有人知道它有多长。鲲化为鸟叫作鹏。它的背像泰山，翅膀像天边的云，飞起来，乘风直上九万里的高空，超绝云气，背负青天，飞往南海。

寒蝉和小灰雀讥笑说："我们愿意飞的时候就飞，碰到松树、檀树就停在上边；有时力气不够，飞不到树上，就落在地上，何必要高飞九万里，又何必飞到那遥远的南海呢？"

那些心中有着远大理想的人常常不能为常人所理解，就像目光短浅的寒蝉和小灰雀无法理解大鹏的志向，更无法想象大鹏靠什么飞往遥远的南海。因而，像大鹏这样的人必定要比常人忍受更多的艰难曲折,忍受心灵上的寂寞与孤独。因而,他们必须要坚强,把这种坚强潜移到远大志向中去,这就铸成了坚强的信念。这些信念熔铸而成的理想将带给大鹏一颗伟大的心灵,而成功者正脱胎于这些伟大的心灵。

本·候根是世界上最出色的高尔夫球选手之一。他并没有其他选手那么好的体能,能力上也有一点儿缺陷,但他在坚毅、决心,特别是追求成功的强烈愿望方面高人一等。

本·候根在玩高尔夫球的巅峰时期,不幸遭遇了一场灾难。在一个有雾的早晨,他跟太太维拉丽开车行驶在公路上,当他在一个拐弯处掉头时,突然看到一辆巴士的车灯。本·候根想这下可惨了,他本能地把身体挡在太太面前保护她。这个举动反而救了他,因为方向盘深深地嵌入驾驶座。事后他昏迷不醒,过了好几天才脱离险境。医生们认为他的高尔夫球生涯从此结束了,甚至断定他若能站起来走路就很幸运了。

他们并未将本·候根的意志和需要考虑进去。他刚能站起来走几步,就渴望恢复健康再上球场。他不停地练习,并增强臂力。起初他还站得不稳,再次回到球场时,也只能在高尔夫球场蹒跚而行。

后来,他稍微能工作、走路,就走到高尔夫球场练习。开始只打几球,但是他每次去都比上一次多打几球。最后,当他重新参加比赛时,名次很快地上升。理由很简单,他有必赢的强烈愿望,他知道他会回到高手之列。是的,普通人跟成功者的差别就在于有无这种强烈的成功愿望。

成功学大师卡耐基曾说:"欲望是开拓命运的力量,有了强烈的欲望,就容易成功。"因为成功是努力的结果,而努力又大都产生于强烈的欲望。正因为这样,强烈的创富欲望,便成了成功创富最基本的条件。

如果你不想再过贫穷的日子,就要有创富的欲望,并让这种欲望时时刻刻激励你,让你向着这一目标坚持不懈地前进。许多成功者有一个共同的体会,那就是创富的欲望是创造和拥有财富的源泉。

20世纪人类的一项重大发现,就是认识到思想能够控制行动。你怎样思考,你就会怎样去行动。你要是强烈渴望致富,就会调动自己的一切能量去创富,使自己的一切行动、情感、个性、才能与创富的欲望相吻合。

对于一些与创富的欲望相冲突的东西,你会竭尽全力去克服;对于有助于创富的东西,你会竭尽全力地去扶植。这样,经过长期努力,你便会成为一个富有者,使创富的愿望变成现实。相反,要是你创富的愿望不强烈,一遇到挫折,便会偃旗息鼓,将创富的愿望压抑下去。

亨利·福特是美国汽车行业历史中一位了不起的人物。他于1863年7月生于美国密歇根州。他的父亲是个农夫,觉得孩子上学根本就是一种浪费。老福特认为他的儿子应该留在农场帮忙,而不是去念书。

自幼在农场工作,使福特很早便对机器产生兴趣,于是用机器去代替人力和牲畜的想法经常在他的脑中出现。

福特12岁的时候,已经开始构想要制造一台"能够在公路上行走的机器"。这个想法,深深地扎根在他的脑海里,日日夜夜萦绕着他。

旁边的人都"劝导"福特放弃他那"奇怪的念头",认为他的构想是不切实际的。老福特希望儿子做农场助手,但少年福特却希望成为一位机械师。他用1年多的时间就完成人家需要3年的机械师训练,从此,老福特的农场少了一位助手,但美国却多了一位伟大的工业家。

福特认为这世界上没有"不可能"这回事。他花了2年多的时间用蒸汽去推动他构想的机器,但行不通。后来,他在杂志上看到可以用汽油氧化之后形成燃料以代替照明煤气灯,触发了他的"创造性想象力",此后,他全心全意投入汽油机的研究工作。

福特每天都在梦想成功地制造一台"汽车"。他的创意被大发明家爱迪生所赏识,爱迪生邀请他当底特律爱迪生公司的工程师,让他有机会实现他的梦想。

终于，在 1892 年，福特 29 岁时，他成功地制造了第一台汽车引擎。而在 1896 年，也就是福特 33 岁的时候，世界上第一台汽车问世了。

从 1908 年开始，福特致力于推广汽车，用最低廉的价格去吸引越来越多的消费者。而底特律则逐渐变成美国的大工业城，成为福特的财富之都。今日的美国，每个家庭都有 1 部以上的汽车。

播下一种心态，收获一种思想；播下一种思想，收获一种行为；播下一种行为，收获一种习惯；播下一种习惯，收获一种性格；播下一种性格，收获一种命运。要成为一个有成就的人，就要拥有积极的心态。

保持一颗渴望成功的心，你就能获得成功。

只要有一颗渴望成功的心，并不断为之努力，你会创造奇迹。告诉自己的心，让它永远保持着对成功的渴望。记住这句话："成功源于一颗渴望成功的心。"

选自己心中所想，而不是他人所说

每个人都会有自己的感觉，都会根据自己的想法来看待世界。一个人眼中的完美，在他人看来也许就是缺陷；而一个人所贬低的缺点，在他人看来很可能就是优点。由于每个人的价值观及对事情的判断喜好不同，无论是谁，在做事情时都不可能让所有的人都赞同你，而每个人也不可能都做到完美，总会出现一些失误，因此，我们不要纠结于是否得到所有人的满意，要学会走自己的路，不被别人的"完美主义"所影响。

当你在做一件事情时，可能会遭受来自各方面的压力与反对。一旦树立目标，我们不要因受到他人的攻击与非议而退缩，而要坚定地为实现这个目标而努力。因为在这些异议声中，难免会有一些嫉妒的、不怀好意的人想趁机破坏你的努力。

也许很多人在身处逆境时，希望得到别人的鼓励。而当一个人的才能得到他人的认可、赞扬和鼓励的时候，他就会产生一种发挥更大才能的欲望和力量。

但生活中不光有赞扬，你碰到更多的可能是责难、讥讽、嘲笑。在这时候，你一定要学会从自我激励中激发信心，学会自己给自己鼓掌。

朱健参加工作后，爱上了"小发明"，一下班，常常一头钻进自己房间，看啊，写呀，试验呀，常常连饭也忘了吃。为此，全家人都对他有看法。妈妈整天絮絮叨叨、没完没了地骂他"是个油瓶倒了都不扶的懒人""将来连个媳妇都找不上"；他大哥就更过分了，一看到他写写画画，弄这弄那就来气，甚至拍着胸脯发誓："这辈子，你要能搞出一个发明来，我的头朝下走路……"

在这种难堪的境遇中，朱健的"发明"之路受到了阻碍。他表现得有点泄气。不过，他的一个同事给了他鼓励，让他继续坚持走自己的路。后来，厂报上开始登出有关他的"革新成果"，哪怕篇幅只有一个"豆腐块""火柴盒"那么大，他都要高兴地细细品味，然后把这些介绍精心地剪贴起来，一有空闲就翻出来自我欣赏一番。

渐渐地，朱健实验成功的"小发明"多了起来，"级别"也慢慢高起来了。几年后，他的"小发明"竟然获得了专利，并且取得了良好的经济效益。

一个成功人士说："别在乎别人对你的评价，否则，反而会成为你的包袱，我从不害怕自己得不到别人的喝彩，因为我会记得随时为自己鼓掌。"

同一个事物，每个人看待它的眼光都有不同。面对不同的几何图形，有人看出了圆的光滑无棱，有人看出了三角形的直线组成，有人看出了半圆的方圆兼济，有人看出了不对称图形独到的美。同是一个甜麦圈，悲观者看见一个空洞，而乐观者却品味到它的香甜。

其实，生活和生命本身也都是一样的道理。我们每个人的能力都是有限的，就像人类有其体能的极限一样。如果总是想着令别人满意，对自己大刀阔斧地整改，那是很荒谬、很愚蠢的。

　　事实确实如此，凡事绝难有统一定论，我们不可能让所有的人都对我们满意，所以可以拿他们的"意见"做参考，却不可以代替自己的"主见"，不要被他人的论断束缚了自己前进的步伐。追随你的热情、你的心灵，它们将带你实现梦想。

第六章

时间不可停留，
所以没必要伤春悲秋

合理管理自己的时间

时间犹如一位公正的匠人,对于珍惜年华者和虚度光阴者的赐予有天壤之别。珍惜它的人,它会在其生命的碑石上镂刻下辉煌业绩;那些随意浪费时间的人,其一生的业绩只能是"无字碑"。总之,对于那些胸无大志的懦夫、懒汉,时间会像一个可恶的魔鬼,难以打发;谁对时间越吝啬,时间对谁就越慷慨。要让时间不辜负你,你首先应不辜负时间;抛弃时间的人,时间也会抛弃他。

时间伴随着我们的一生,我们可以自由支配。然而,许多年轻人觉得有大把的时间可以挥霍,丝毫没有意识到时间在悄然流逝。

陶渊明曾说:"盛年不重来,一日难再晨。及时当勉励,岁月不待人。"杜秋娘曾说:"劝君莫惜金缕衣,劝君惜取少年时。花开堪折直须折,莫待无花空折枝。"在人的一生中,时间是最容易流逝的,我们无法阻止时间的流逝,但是可以管理时间,主宰自己的青春。

只有当你充分利用时间的时候,你才会知道自己究竟能做多少事。一个不珍惜时间、浪费大把时间在吃喝玩乐上的人,一辈子都不会有什么成就。

有的人把时间当作河,坐在岸旁,束手无策地看它流逝;有的人把时间当作自己忏悔的温床,躺在对过去的追忆与哀叹中,苦苦呼唤着已逝的时光,而时间却按它自己的步伐从容不迫地走着。未来姗姗来迟,现在像箭一般飞逝,过去永远静立不动,而你对待这三者的态度决定了你是能抓住时间,还是被时间所抛弃。

时间是由分秒积成的，只有那些从头到尾利用好时间的人，他的时间才算没有虚度，每年、每月、每天和每小时都有它的特殊任务。集腋成裘，聚沙成塔，几秒钟虽然不长，但是伟大的功绩就蕴含在这零星的时光中。

船夫拉纤的情景可谓生活中动人心魄的一幕。波涛滚滚而下，木船逆流而上，纤夫紧紧地拽引着纤绳，喊着号子，踏着沙石，拼力向前迈进。没有彷徨，没有懈怠，更没有停留和后退，因为只要稍微放松手中的纤绳，后果就不堪设想。

每个人都是江河中的一只小船，而纤夫是谁呢？也是我们自己。

人生有几十年的航程，需要一步一个脚印地走下去。多少年轻人哀叹自己时运不济、命运多舛。殊不知，命运并不是不喜欢他们，而是他们在前一段航程里没有拉紧纤绳，让自己在生活中随波逐流。正如歌德所言："谁过玩世的日子，就不能成事；谁不听命于自己，就永远是奴隶。"多少白发苍苍的老人，回首往事时，因虚度年华而悔恨，因放松自己而羞愧。

青春意味着时间的富翁、健壮的体魄、敏捷的才思、无忧的心绪。最富有的东西，也是最容易被轻视、被糟蹋的东西；最缺少的东西，也是最渴望得到、最令人珍惜的东西。长处往往与弱点相伴：年轻人会认为来日方长，浪费点没什么；才思敏捷的人一学就会，但往往不求甚解。千万不能仅仅这样来理解青春，趁着年轻的时候，要像纤夫闯急流那样，紧紧地抓住纤绳。

合理管理自己的时间是非常重要的，一天的时间如果不好好规划一下，就会白白浪费掉，就会消失得无影无踪，长此以往，你就会一无所成。经验表明，成功与失败的界限在于怎样分配时间，怎样安排时间。本杰明·富兰克林曾指出："你热爱生命吗？那么别浪费时间，因为时间是组成生命的材料。"

如果想成功，必须重视时间的价值。时间是要争取才有的，时间是自己合理安排出来的。忙碌的人能够读很多书，就是因为这个缘故。

总之，想要有成功的人生，必须学会合理管理自己的时间。

善于利用零碎时间

有这样一种比喻：时间像水珠，一颗颗水珠分散开来，可以蒸发，变成水蒸气飘走；集中起来，可以变成溪流，变成江河。只要你善于积累，"博观而约取，厚积而薄发"，就能实现心中的梦想。

著名数学家华罗庚说："时间是由分秒积成的，善于利用零星时间的人，才会做出更大的成绩来。"生活中有很多零碎时间是大可利用的，如果你能化零为整，那你的工作和生活将会更加轻松。

所谓零碎时间，是指不连续的时间或一个事务与另一事务衔接时的空余时间，这样的时间往往被年轻人忽略过去。零碎时间短，但日复一日地积累起来，其总和将是相当可观的。凡在事业上有所成就的人，几乎都是能有效地利用零碎时间的人。

达尔文是英国著名生物学家、进化论的奠基者。他从小就热爱大自然，在上学的时候就利用闲散时间广泛采集植物、昆虫的标本。而他的父亲则更希望他能够成为一名"尊贵的神父"，对他的爱好并不支持，甚至认为他不务正业。

达尔文想要满足父母的要求，不耽误学业，但又渴望读自己喜欢读的书。于是，他每买一本新书，就把它一页页撕下来，放在口袋里。朋友觉得奇怪，便问达尔文："多可惜，一本书就这样被你毁了。"达尔文回答："我去外面采集标本，无法带上整本书，只能利用零碎的时间，躺在草地上把这一页的内容看完，把一本书保存完整很好，但是放在家里不看，岂不更可惜？对我而言，还是撕下来好。"达尔文正是这样想方设法充分利用一切闲散时间的，这为他以后的事业积累了大量的资料，使他成就了常人不能成就的伟业。

时间对任何人来说都不是整块的，而是由许多小块组成的，这些小块就是一个人的闲散时间。如果你把一天的闲散时间都充分利用起来，你就会发现，原来自己可以做更多的事。

陈娟就职于一家顾问公司，她工作繁忙，几乎每年都要负责处理 100 多宗案件。由于这些案件的当事人分散在世界各地，因此她的大部分时间都是在飞机上度过的。她认为和客户保持良好的关系是非常重要的，所以，她经常利用飞机上的"闲暇时间"给客户们写邮件。一次，旁边的旅客对她说："在近 3 小时里，我注意到你一直在写邮件，你一定会得到老板重用的。"其实，陈娟早已是公司的副总了。

举世闻名的美国科学家爱因斯坦曾说，人的差异在于对业余时间的利用。的确如此。现在许多人将大量业余时间用于赴饭局、打麻将、聊大天……时间就这样白白地溜走了，实在可惜。其实，在你的日常生活中，有许多零星、片段的时间，如车站候车的三五分钟，医院候诊的半小时等。如果珍惜这些零碎的时间，把它们合理地安排到自己的学习中，积少成多，就会成为一个惊人的数字。

1914 年的一天，有一位朋友从柏林来看望爱因斯坦。这天，正好下着小雨，在前往爱因斯坦家的路上，朋友看到一个朦胧的人影在桥上踱步。这个人来回走着，时而低头沉思，时而掏出笔在一个小本上写着什么。朋友走近一看，原来是爱因斯坦。

"原来是你呀，你在这儿干什么呢？"朋友高兴地问道。

"哦，我在等一个学生，他说考完试就来。但是，他迟迟没来，一定是考试把他难住了。"爱因斯坦说。

"这不是浪费你的时间吗？"朋友愤愤不平地说道。

"哦，不，我正在想一个问题。事实上，我已经想出了解决问题的办法。"说着，爱因斯坦就把小本子放进了口袋里。

等待的时间总是难过的，尤其是赶时间的时候，一切像在慢动作般进行。

如果能学会充分利用等待的时间,不仅对你知识的增加、事业的成就,而且对你的良好性格和情绪维护都有莫大的益处。

例如当我们坐轮船、坐火车长途旅行时,可以看看小说,阅读自己感兴趣的书报,背诵外语单词;当你排队看病、等待理发时也可以抓紧时间学习。

美国汽车大王亨利·福特曾说:"大部分人都是在别人荒废的时间里崭露头角的。"这也就是在告诫年轻人,要想取得比别人更大的成绩,就要付出比别人更多的时间,而要想在有限的时间里获得更大的价值,就要学会利用零碎的时间。

做一个守时的人

现代生活的快节奏,呼唤着我们的时间意识。守时,理应是现代人所必备的素质之一。但是,不守时的情况也经常在我们的身边发生。

通知几点开会,却总有那么几个人迟到;约会时间已到,有人就是不见踪影;要求什么时间要办完哪件事,到时总有人不能按时完成……诸如此类的事情,屡见不鲜,让人心烦。

如果只是偶尔一次,也情有可原,然而,仔细观察一下就会发现,在某些年轻人身上,不守时的事是经常发生的。信息经济时代,时间的价值已远非自然经济和工业经济时代可比,不守时,既浪费了自己的时间,也浪费了别人的生命。

靳英是出了名的迟到小姐,熟悉她的人都知道,想要约她见面,最好在预定的时间再推迟半小时,否则你是不会在预定时间看到她的。一次,靳英的好朋友过生日,通知所有人晚上6点到,但是6点半的时候靳英还没有出门,等她来的时候,生日宴会几乎结束了。对此,靳英的解释很简单:"我忘了时间,反正我来了。"

大学毕业以后，靳英到一家外企应聘。前两轮面试，她都是踩点到的。准备第三轮面试的时候，对方要求她早上9点到公司，但是9点半的时候，靳英才匆匆赶到。对自己的迟到，靳英的解释是因为堵车。负责面试的经理很不高兴地说："你明知道北京的交通状况不好，容易堵车。为什么不提前出门？"无论靳英怎么解释都没有用，她依然失去了这份难得的工作。

守时是每个人都应具备的美德，约会迟到，会留给别人毫无诚意的印象。约会守时，既节省自己的时间又节省他人的时间。因此，你要想成为一个让人尊敬和信任的人，就要遵守时间，做一个成功驾驭时间的人。

一些年轻人刚到公司的时候，对公司的规章制度看得较轻。工作上虽十分卖力，却因经常迟到、早退而给同事和领导留下坏印象。经常迟到、早退或是事先毫无告知便突然请假，不但会让事情变得杂乱无章，而且无法得到老板的信任。每个人都希望别人讲信用、守时间，做一个守时的人，在得到别人尊重的同时，也会给别人留下一个好印象。

哲学家康德有一天想去一座小镇拜访他的一位老朋友。他写了信给老朋友，说自己将会在3月5日上午11点钟之前到达那里。为了能够在约定的时间到达，康德提前一天到了小镇，3月5日一早又租了一辆马车赶往老朋友的家里。从小镇到朋友家，隔着一条河，谁知河上的桥坏了，走其他的桥最快也得40分钟。于是，他跑到附近的一座破旧的农舍旁边，对主人说："如果你能够从房子上拆一些木头，在20分钟内修好这座桥，我就给你600欧元。"农妇感到非常吃惊，但还是把儿子叫来，及时修好了那座桥。马车终于平安地过了桥。

10点50分的时候，康德准时来到了老朋友家门前。一直等候在门口的老朋友看到康德，大笑着说："亲爱的朋友，你还像原来一样准时啊！"

康德和老朋友度过了一段快乐的时光，但是他对为了准时过桥而花钱修桥的事却丝毫没有提及。

后来，老朋友还是从那位农妇那里知道了这件事，他还专门写信给康德说，老朋友之间的约会，即使晚一些也是可以原谅的，更何况是遇到了意外呢。但是康德却坚持认为守时是必需的，不管是对老朋友还是陌生人。

有人说，守时不仅体现出一个人的时间观念，更能体现出这个人的道德修养。我们在不同的场合切记做到守时。比如：拜会、会见、会谈等活动应正点准时到达；参加招待会、宴会，可正点到达；对于特别正式、隆重的大型宴会千万不可迟到；参加会议或出席文艺晚会等，应提前到达。为了防止堵车等意外情况的发生，可以提前计算好包含意外在内的时间，做好充分的准备。

压缩你的工作清单

现今，无数的事情正在进行着，即使是非常恬静的生活，比起20世纪早期演说家的生活，也要丰富3倍。各种信息、事件、提议和机会不仅仅出现在我们周围，简直是充满了我们的生活。即使站在原地不动，10分钟之内发生在我们身边的事情也比早些年10天的还要多。

我们每天都面临着无数新的可能和新的问题，对它们进行分类和处理会花费大量的时间。尽管这些确实也是工作，但是却是没有产出的。即使你哪儿也不去，什么也不做，这样也会很容易让你变得疲惫、烦躁不安。"我忙了一整天，都快累死了，可是却没做什么事。"这样的话你听过多少次，又对自己说过多少次？

在我们努力处理这些事情的过程中，大部分人都会尽量遵从"根据优先顺序安排工作"这一重要的做事原则。但是，如果只是简单地将要做的事情按照重要性排列起来，不去思考合理性，除了令你觉得更加紧张和不堪重负之外，可能并不能帮助你快速实现任何目标。

别坐在那里试着将1万件"要做的事情"进行优先顺序排列——那只会耗尽你的时间，给你带来困扰。从每天围绕着我们的许许多多的事情中，把真正必须要做的找出来，这比排列顺序重要得多。要成为一个能干且有进取心的人，第一步就是要抛弃那些你并不是真正想要，也不是真正需要的事情和选择——这些东西只会使你感到迷茫。相对于1万件事情来说，我们每年把1200件事情按照优先顺序排列，要容易得多，而且这些事情也更有可能做得到。

恰当而合理的时间预算

哈伯德先生在自己的著作中指出，善于为时间做预算、做规划，是管理时间的重要战略，是时间运筹的第一步。你应以明确的目标为轴心，对自己的一生做出规划并排出完成目标的期限。

时间是流动的，它从来不会为了某个人停下自己匆忙的脚步。因此，善于利用时间，做好时间预算，就成为衡量管理者工作水平高低的一把重要标尺。

首先，我们要知道何为时间预算。时间预算是研究社会群体和个人在特定周期内，用于不同目的的各种活动时间分配的一种方法。其内容包括：

- 何人（或社会群体）从事何种活动（如吃饭、睡觉、工作、娱乐等）。
- 何时从事该项活动。
- 从事该项活动时间的长短。
- 在一定时间周期内（如一天、一周、一个月）从事该项活动的频率和用于不同目的的时间分配。
- 从事该项活动的时间顺序。
- 在何处与何人从事该项活动。

时间预算首先要通过定量分析来揭示在一定时间总量中所从事的活动种

类及各种活动的连贯性、协同性、普遍性和周期性；同时从质的方面反映个人或社会群体活动的内容、性质和特点。时间预算被广泛应用到城市规划、市政管理、生活方式、企业经营、工程建设等方面。进行时间预算多采用问卷法、访问法、观察法、日记法，以及历史比较法和国际比较法来收集数据，并借助指标体系进行测定。

在平时的工作中，我们可以记工作日志，或将完成每件事花的时间记录下来。有的人工作起来似乎一天到晚都很忙，并且常常加班。避免加班的关键在于行程表的拟订。拟订周期行程表是件非常重要的事。清晰、合理的行程表，能让自己的工作行程、同事的活动、上司的预定计划、公司的整体动向等事情一目了然。由于自己的工作并非完全孤立，所以必须将它定位在所属部门的目标、公司整体的目标乃至外界环境的变动上，才能保证计划的合理性。只要尝试拟订行程表，原本凌乱不堪的各种预定计划，就会显得条理井然起来。

如果能够合理拟订行程表，设定进修时间、休闲时间、与家人沟通的时间，自己和家人都将因此受益，步调一致。此外，通过与家人的沟通，你不但可以减轻日常生活的紧张压力，而且能够涌现新的活力。需要注意的是，先忧后乐乃是时间计划的基本原则。

把这种个人时间管理模式推荐给家人，可有效避免和家人发生冲突。让我们来看一看如何制订具体的周末假日行程表。

首先，所谓周末假日究竟是从什么时候开始，到什么时候结束呢？

一般的看法是从周六早上开始，到周日晚间为止。不过如果想要利用周末假日，充分争取时间进行自我启发的话，这样看是不行的。所谓周末假日，应该是从周五晚间到周一早上的时间。如此解释的话，就有将近三天的假期可资运用，无妨将它当作一个整体时段来加以掌握。倘若这种理念成立的话，周五晚间的度过方法就变得十分重要。

周六和周日，还是应该早起。如果失之严苛的话，恐有难以持续之虞，因此不妨稍微放松，比平日晚起一两个小时也没关系。以尽可能和家人共用早餐为宜。

其次，要将周六、周日的上午定为主要进修时间，不足的部分排入周六、周日的晚间。周日晚间不排计划只管就寝，周一早上提早起床也就可以做到。

一般而言，周末假日要将工作暂且抛诸脑后，好好地调剂身心才是提高工作效率的良方。不过，有件事情非常重要，就是必须为下周一开始的工作预做心理准备。如果等到下周一早上再来定下周的进修行程表，事实上已经太迟了。本周日晚间才是思考并确定下周行程表的绝佳时间。

由此可知，恰当而合理地进行时间预算，不仅可以为自己赢得与家人在一起的快乐时光，更可以大大地提高我们的工作效率，使我们从容应对一切。

充分利用好最佳时间

知道什么时间该做什么事情最合适，懂得把时间花费在最有价值的地方。正确地管理时间就是对自己生命的负责。生命有限，时间无限。如何在有限的生命中创造无限的价值，关键取决于如何充分地利用好每一分最佳时间。

人们常常抱怨生活的不公平，其实，我们没有看到一点：生活对每一个人都是公平的。英国著名博物学家赫胥黎曾说："时间最不偏私，给任何人都是24小时；时间也最偏私，给任何人都不是二十四小时。"不同的是，当最佳时间出现的时候，有些人懂得抓住并很好地利用，有些人却茫然不知，沉迷于一时的欢乐与游戏之中。

懂得充分利用最佳时间，无论早、中、午、晚，都能恰当地安排好待办的事情，让时间发挥出最大价值，成功就变得不再那么困难。

贝格特是一家保险公司的人寿保险业务员。半年以前，全公司里他一直是保险销售额最大的业务员之一。但在过去的半年当中，贝格特变得有些懒散了，开始不太愿意工作，他打破自己的惯例，把最佳的工作时间，用在读报、打网球或者随便做些别的事上，因此，他个人的业绩大大降低了。

后来，贝格特为了提升业绩，经过反思，他开始制定出一份工作时间表。贝格特发现，只用三到五分钟，就能够确认要把自己最宝贵的时间用于何处，这就大大提高了自己的工作效率。贝格特认识到了所浪费掉的时间的价值，他开始改变此前的做法。每天都花上几分钟，做一个利用时间的表格分析，以使自己重新有效地掌握时间，充分地安排并利用好各个时间段的最佳时间。这样，不仅工作业绩提升了，连个人娱乐休闲的时间也有了。

汉克斯是一名年轻的销售员。为了在工作上有所成就，以确认他应当把时间花在何处，他来到图书馆，阅读了许多有关销售人员的资料。他发现，新业务员必须用75%的时间去了解情况，或寻找客户；8%的时间应当用来准备磨炼销售技能、提升才干及了解产品知识，以便能提出一份最佳的产品介绍；剩下的时间就花费在接近可能的客户上。你必须抓住时机，使这个客户做出决定，直到你拿到签了字的订货单为止。汉克斯按着这种思路，分配着这三段最佳工作时间，工作成绩进步很快，得到了上级主管的表扬。

"盛年不重来，一日难再晨。及时当勉励，岁月不待人。"这是五柳先生的劝勉之语。在自己年轻之时，充分利用好工作、生活的最佳时间，就会取得自己想要的成功。就如贝格特和汉克斯一样，准确抓住最佳时间，并合理地用在工作或者磨炼技能上，就能在同别人一样的时间里，创造出不一样的价值。

我们都知道：世界上最快而又最慢、最长而又最短、最平凡而又最珍贵、最容易被人忽视而又最令人后悔的就是时间。不要在错过流星的时候再错过太阳。要及时抓住属于自己的每一分每一秒，做到"时间"有所值。

这里，我们提供几个可供参考的最佳时间利用办法：

● 把该做的事依重要性进行排列。这件工作，可以在周末前一天晚上就安排妥当。

● 每天早晨比规定时间早十五分钟或半个小时开始工作。这样，就可以有时间在全天工作正式开始前，好好计划一下。

● 把最困难的事搁在工作效率最高的时候做，例行公事，应在精神较差的时候处理。

● 不要让闲聊浪费你的时间，让那些上班时间找你东拉西扯的人知道，你很愿意和他们聊天，但应在下班以后。

● 利用空闲时间。它们应被用来处理例行工作，假如某位访问者失约了，也不要呆坐在那里等下一位，你可以顺手找些工作来做。

● 晚上看报。除了业务上的需要外，尽可能在晚上看报，而将白天的宝贵时光，用在看邮件、看文件或思考业务状况上，这将使你每天工作更加顺利。

时间待人是平等的，但是每个人对待它的态度的不同，就造成了时间在每个人手里的价值的不同。高效地管理时间，充分利用最佳时间，当年老蓦然回首的那一刻，就不会因蹉跎光阴而悔恨不已了。

改掉浪费时间的习惯

一般来说，以下这些习惯都是十分浪费时间的。

■ 喝东西的习惯

"喝东西的习惯"是完成更多工作的头号大敌。不管是在办公室里、车里还是其他地方，好像每个人的手里都会永远抓着一杯咖啡，要不就是汽水。总是看到这样的场景真是让人不痛快——更不用说，喝咖啡很容易上瘾、不健康又不雅观，还有清洁整理的问题。更糟糕的是，人们做这些事情所花费的时间多得惊人，这都是对生命的无谓消耗。

例如，一个喜欢喝咖啡的人一生要喝掉7万多杯咖啡。他要找杯子、倒咖啡、加入奶精或者糖、把它放到办公桌上、端起来又放下（这个动作至少要重复10次），把剩下的咖啡倒掉，并且还要洗杯子。

通常来说，"茶歇时间"基本上不能提高工作效率。而且，在这个时间里，还会传播对老板、客户等人的闲言闲语、蔑视以及批评。其实，休息时间可以做一些更健康、更积极的事情。下一次到了茶歇的时候，看看你的周围——很少或者根本没有效率很高的人在（你应该从中明白一些什么了）。

▍嗜睡

人们从来都不缺乏对于睡眠的各种分析。如果有杂志想要这样的文章，就一定会有人很开心地去详细解释关于睡眠的艺术，或者提出睡眠需求的新理论。总是有一些革命者认为每个人每天睡4个小时就足够了，但是那些坚持每天要睡8个小时或者更多时间的人，也许这一辈子，每天中午都要打个小盹。

大部分人对于自己需要多少睡眠时间都有固定的看法，这完全是个人的事。但是，这里面确实也有一些是因为习惯或者先入为主。如果你想变得更有效率，就限制自己只睡到刚刚好，得到充分的休息就行了。我认识的最高效的生产者都是起得很早的，我几乎从没见过睡懒觉或是嗜睡的人能够取得很多成就。试着每天少睡半个小时，让自己保持兴奋，这样你就不会因为没意思而需要打盹，看看你能多做多少工作。

▍娱乐的时间太多

许多人都认为他们需要大量的娱乐来放松自己，否则生活就会失去平衡。所以，他们买了许多新玩意儿，花了很多钱，如果只是把它们放在那儿，自己一定会充满犯罪感。

娱乐和度假一样，是有生产性的，对于改变你的生活来说也是很重要的。但是，我们的孩子在成长的过程中，更多的是要学习如何去休息，而不是学习如何去做或者生产。

别太关注自己生活中的娱乐时间有多少。一般来说，最充满激情、最生机勃勃、最热情、最乐观、最受欢迎的人，他们的娱乐时间都比一般人少，甚至于几乎没有。大部分高效的生产者都能在工作中找到乐趣。

过多的娱乐是没有好处的；它在其后的几年里也不能给你什么回报，对于建设我们的生活没有什么帮助，也不能给我们安全感。不断寻找快乐的人，只会让自己的生活变得一团糟，让自己变得懒惰而迷糊。娱乐是需要一定的基础的——我们可以称它为"勤勉"，或者，通俗一点说，就是"工作"。如果能够做到一张一弛的话，有计划地娱乐是有益健康的、有教育意义的、有生产性的。

当观众

人们都喜欢看球赛、看电影、看现场表演，那么，是否应该很频繁地看呢？不能，这样做只能把我们的时间都花光。毕竟，这些只是比赛或者表演，并不是真实的生活。如果花太多的时间来看别人在电影中的表演，我们很快就会从人生的赛场上消失。

当观众是一种很容易让人沉迷的消遣方式，也没有什么产出。我们只需要停下来几分钟，让眼睛代替我们的头脑来工作就行了。有时我们确实需要这样的休息，但是，花大量时间做看客的人很少会赢得很多时间。

中国人平均每年大概要花 1500 个小时来当观众和听众。在这些时间当中，也许一半以上都是在电视机前度过的。这就意味着我们每个人平均每天要花 3 个小时来看电视。一种活动可以占据我们这么多的时间，真是让人惊奇。看电视是一种最容易浪费时间的方式。一场球赛、一个咨询节目、一两部电影都很精彩，坐在客厅里欣赏是一件很快乐的事。但是，日复一日，年复一年，每天都这样看上四五个小时的电视，无异于会让你成为行尸走肉。

如果你近来没有做成什么事，那么，把电视机搬走，或者用东西把它盖起来，坚持一个月。之后，你会觉得自己好像复活了！你的效率会大大提高，简直让你难以置信，你甚至会觉得自己变得更健康了。

沉迷于电脑

我们一直都在处心积虑地寻找工具和资源，让我们做起事情来可以更快更容易，在现有的东西中，没有什么能够比得上电脑！它可以创造难以尽述的奇迹。但是，就像我们生活中的大多数"珍宝"一样，它也给我们带来了过重的负担。电脑所产生的有用结果常常会被过多无用的东西所掩盖，把它们挑选出来所花的时间，有时会和我们用老办法来做事一样多，甚至会更多。

的确，电脑很容易就能做得比我们想要的更多。它能够提供最好的一切——了解比赛、购物、投资、新闻、天气等信息，与任何人不假思索地即时联系——哪怕是最先进的电视也做不到这些。我们的注意力很容易被转移，陷入各种小事里，它们会消耗大量的时间。关键是这些事情做起来很快、很有趣，我们几乎是不知不觉地就沉迷进去了。也许我们会因为自己坐在桌边敲键盘，就认为是在思考，觉得自己在电脑上所做的事情就是工作。

我们对电脑的能力是如此痴迷，以至于要用它来帮助我们判断取舍。我们会发现自己在电脑上花去的时间比做其他事还要多。在电脑屏幕上出现的警告提示中，比"病毒"更严重的就是"无益的"——如果我们停下正经事去关注或者评论一些突然出现的、无关紧要的、可有可无（但是却很有趣）的小事，在这个时候，这个词要是能够闪现一下该多好呀！

如果你有很多浪费时间的习惯，那么，你很容易就会让自己的生活一片混乱，失去完成更多工作的机会。

珍惜每一分钟

在美国近代企业界里,与人接洽生意能以最少时间产生最大效益的人,非金融大王摩根莫属。为了珍惜时间,他招致了许多怨恨。

摩根每天上午9点30分准时进入办公室,下午5点回家。有人对摩根的资本进行了计算后说,他每分钟的收入是20美元,但摩根说好像不止这些。所以,除了与生意上有特别关系的人商谈外,他与人谈话绝不超过5分钟。

通常,摩根总是在一间很大的办公室里,与许多员工一起工作,他不是一个人待在房间里工作。摩根会随时指挥他手下的员工按照他的计划去行事。如果你走进他那间大办公室,是很容易见到他的,但如果你没有重要的事情,他是绝对不会欢迎你的。

摩根能够轻易地判断出一个人来接洽的到底是什么事。当你对他说话时,一切转弯抹角的方法都会失去效力,他能够立刻判断出你的真实意图。这种卓越的判断力使摩根节省了许多宝贵的时间。有些人本来就没有什么重要事情需要接洽,只是想找个人来聊天,而耗费了工作繁忙的人许多重要的时间。摩根对这种人简直是恨之入骨。

每一个成功者都非常珍惜自己的时间。无论是老板还是打工族,一个做事有计划的人总是能判断自己面对的顾客在生意上的价值,如果有很多不必要的废话,他们都会想出一个收场的办法。同时,他们也绝对不会在别人的上班时间,去海阔天空地谈些与工作无关的话,因为这样做实际上是在妨碍别人的工作,浪费别人的时间。

浪费时间就是挥霍生命

一位作家在谈到"浪费生命"时说:"如果一个人不争分夺秒、惜时如金,那么他就没有奉行节俭的生活原则,也不会获得巨大的成功。而任何伟大的人都争分夺秒、惜时如金。

"浪费时间是生命中最大的错误,也最具毁灭性的力量。大量的机遇就蕴藏在点点滴滴的时间之中。浪费时间是多么能毁灭一个人的希望和雄心啊!它往往是绝望的开始,也是幸福生活的扼杀者。年轻生命最伟大的发现就在于时间的价值……明天的财富就寄寓在今天的时间之中。"

人人都应懂得时间的宝贵,"光阴一去不复返"。当你踏入社会开始工作的时候,一定是浑身充满干劲的。你应该把这干劲全部用在事业上,无论你做什么职业,你都要努力工作、刻苦经营。如果能一直坚持这样做,那么这种习惯一定会给你带来丰硕的成果。

歌德这样说:"你最适合站在哪里,你就应该站在哪里。"这句话算是对那些三心二意者最好的忠告。

明智而节俭的人不会浪费时间,他们把点点滴滴的时间都看成是浪费不起的珍贵财富,把人的精力和体力看成是上苍赐予的珍贵礼物,它们如此神圣,绝不能胡乱地浪费掉。

无论是谁,如果不趁年富力强的黄金时代去培养自己善于集中精力的好性格,那么他以后一定不会有什么大成就。世界上最大的浪费,就是把一个人宝贵的精力无谓地分散到许多不同的事情上。一个人的时间有限、能力有限、资源有限,想要样样都精、门门都通,绝不可能办到,如果你想在某些方面取得一定成就,就一定要牢记这条法则。

做时间的主人

许多人日复一日花费大量的时间去做一些与他们梦想不相干的事情。那么，你千万不要成为他们中的一分子，让你生命中的每个日子都值得"计算"，而不要只是"计算"着过日子。

一个人真正拥有而且极度需要的只有时间。其他的事物多多少少都部分或曾经为他人拥有。像你呼吸的空气、在地球上占有的空间、走过的土地、拥有的财产等，都只是短时间拥有。时间如此重要，但仍有很多人随意浪费掉他们宝贵的时间。

太多人浪费 80% 的时间在那些只能创造出 20% 成功机会的人身上；雇主花费太多时间在那些 20% 最容易出问题的人身上；经纪人花费太多时间在不按时参加演出工作的演员或模特身上；政治家花费多数时间为 20% 的有问题或就是问题本身的人运作议事。玛丽·露丝在《节约时间与创意人生》一文中写道："我的工作有一部分是市场咨询，常常要和人们讨论如何建立事业。我通常会建议他们，可以自由运用自己的时间，但最重要的时间应该优先留给那些能帮助自己建立事业、认真想成功和愿意协助自己达到成功的人身上。"

尽可能避免不必要的电话和约会，特别在你一天中效率最高的时段。节省其他的时间，优先处理那些能帮助你达成目标和梦想的工作和约会。

如果你已抛开了低价值的活动，你的时间就一定会花在高价值的活动上（无论是为了成就或让自己开心）。希望你先认识清楚，哪些是把时间吃掉的低价值事务。以下列出最常见的几项，以防你有所疏漏。

- 别人希望你做的事。
- 老是以同样方式完成的事。
- 你不擅长的事。

- 做时无乐趣可言的事。
- 总是被打断的事。
- 别人也不感兴趣的事。
- 如你所料已经花了两倍时间的事。
- 合作者不可信赖或没有品质保障的事。
- 可预期进行过程的事。
- 接电话。

果断抛开这些事,绝不要让每一个人都能占用你的时间。不因别人开口要求,或接到一通电话或传真就去做某事。该说"不"时就说"不"。

努力提高效率

把所有的时间都看作是有用的。尽量从每一分钟里得到满足,这种满足是多方面的,它不仅包括取得一定的成就,也包括从消遣中得到的快乐,等等。

尽量在工作中以苦为乐,要善于在枯燥无味的工作中发现能够引起自己极大兴趣的因素,这样可以大幅度地提高工作效率,从而大大节约时间。

作为一个终生乐观者,尽量把烦恼和忧愁从自己心中排除出去,这样就可以做到每一分钟都过得有意义、有价值。

在工作中,一定要寻求取得成功的有效途径,把所做的一切工作都建立在期望成功的基础上。

不要在惋惜失败上浪费时间。如果经常因为某些事情的失败而惋惜,这本身就是浪费时间,而且还会造成心理上的压力。

下列提高时间效率的方法你做得如何?

- 既往不悔,即使做错了也不后悔。经常悔恨以前所做过的事情会浪费许多时间，所以从时间这个角度来看，任何懊悔都是不必要的。

- 充足的时间应用在最重要的事情上。这是节约时间的诀窍，如果常常在不重要的事情上纠缠，就难以达到节约时间的目的。
- 经常掌握一些新的节约时间的技巧。对这些新的节约时间的技巧应尽快熟知并加以利用。
- 每天要早起，这样坚持下去就可以节约许多时间。
- 午餐要适量。午餐不可吃得太多、太饱。否则到下午容易打瞌睡，工作效率会降低。而工作效率的降低本身就是浪费时间。
- 要学会浏览报纸，不能事无巨细全部看完，这样会浪费时间。
- 要掌握快速读书的方法，从而获得书中最主要观点和内容。
- 不要花过多的时间在电视机上，只要看一看有关新闻和关于业务方面的节目即可。
- 尽量让家与公司之间的距离近一些。这样，早上上班就能够在很短的时间内到达办公室，下班后也能用很短的时间回到家，把浪费在上下班路上的时间降到最低限度。
- 对自己的习惯要经常进行反省，好的保留，不好的坚决改掉。
- 别空等时间。假如必须花费时间进行等待，如等车、等电话等，应当把等待当作是构想下一步工作计划的良机，或者用它来看书、看报。
- 把表拨快 5 分钟，每天提早开始工作。
- 口袋里经常装有空白卡片，以便随时记下各种有价值的资料，以备使用。这样可以节约大量的翻阅报刊的时间。
- 每月修正一次生活计划，删除那些无意义的内容。
- 在处理必须处理的小事情的同时，要把重要的工作、目标记在心中，并善于在处理这些小事情时发现能够促成重要工作目标迅速实现的重要线索。
- 早上上班后的首件事，就是排列好当天工作的先后次序。

●在每月制订计划时要有弹性,最好在计划中留出空余时间,以便应付紧急情况。

●在完成重要工作项目以后,要进行适当的休息,以求得工作和休息的平衡。

●首先去做应最优先的事项。

●对难度较大的工作要智取,不要蛮干。

●先做重要事项,后做次要事项。

●对哪些事情应列为优先事项,要有信心做出准确的判断。而且,要不畏困难,坚持到底。

●一次最好只专心致力于一件事。

●自己感到马上可以取得成功时,就要加紧去做,不要耽误。

●要养成逐条检查日常工作计划表的习惯,看看是否有意跳过了困难的项目。

●制订文件时不要怕花费时间,一定要深思熟虑。

●对自己的每一项工作都要确定完成的期限,要尽可能在期限内把它完成,绝不可超过期限。

●在讨论问题和听演讲时,一定要专心听讲,以免事后再花费时间找人解释。

●碰到专业性很强的问题时,一定要请专家帮忙。因为你在两三天中弄不清楚的问题,专家会在一两个小时甚至几分钟内就帮助你弄清楚。

●如果担当重要职务,最好学会分身,请专人为你管理信件、电话和处理琐事。

●要把主要的工作项目摆在办公桌的桌面上。

●各种常用或不常用的物品要各有位置,这样可以避免在寻找时浪费太多时间。

时间从不等人,别再浪费大把的时间了。遵循以上方法,努力节省时间,提高效率,才能让自己的每一天都不虚度!

第七章

转变思维，解锁人生更多可能

换个思路，重新出发

我们可能无法改变生活中的一些东西，但是可以改变自己的思路。有时，只要我们放弃了盲目的执着，选择了理智的改变，就可以化腐朽为神奇。

大凡高效能的成功人士，踏上成功之途总是从改变思路开始的。成功往往就隐藏在别人没有注意的地方，假如你能发现它、抓住它、利用它，那么，你就会有机会获得成功。困境在善于拓展思路的智者眼中往往意味着一个潜在的机遇，愚者对此却无动于衷。

换一个思路处理问题，可能会看到完全不同的景象。也许正是一个不经意的思路转换，让你在不经意间解决了问题。西班牙著名画家毕加索曾说："每个孩子都是艺术家，问题在于你长大成人之后是否能够继续保持艺术家的灵性。"

有个摄影师，每次拍集体照都有刚好闭眼的人。

闭眼的人看见照片，非常生气："我90%以上的时间都睁着眼，你为什么偏让我照一张没精打采的照片？这不是故意歪曲我的形象吗？"

就拍照而言，形象是头等大事，全靠修版也难，于是喊："一！二！三！"但坚持了半天以后，恰巧在"三"字上坚持不住了，上眼皮找下眼皮，又是做闭目状，真难办。

后来，摄影师换了一种思路，从而解决了这一难题。他请所有照相者全闭上眼，听他的口令，同样是喊"一！二！三"，在"三"字上一起睁眼，果然，照片冲洗出来一看,一个闭眼的人也没有,全都显得神采奕奕,比本人平时更精神。

众人都非常高兴。

当陷入困境时,一个思路行不通,就要果断地换另一种思路,只有这样,新的创意才会自然而然地产生出来,化解困境的方法也才会随之出炉。

当遇到挫折的时候,你是否常常这样鼓励自己:"坚持到底就是胜利。"有时候,这会陷入一种误区:一意孤行,一头撞南墙。因此,当你的努力迟迟得不到预期的业绩时,就要学会放弃,要学会改变一下思路。其实,细想一下,适时地放弃不也是人生的一种大智慧吗?

改变一下方向又有什么难的呢?

改变一下思路,这是一个智慧的方法。

俗话说:"穷则变,变则通。"没有什么东西是永远静止不前的,世易时移,我们的思路也要跟着改变,才能赶上时代的潮流。当一条路走不通时,不要再一味"坚持",而要变换思路,要改变陈旧的观念,打破世俗的牢笼。山不过来,我就过去,只有勇于改变思路,才能创新,才能让成功持久。

换个角度看问题

当你束手无策、一筹莫展时,如果能换个角度考虑问题,情况就会有所改观,问题也会迎刃而解。

罗森在一家俱乐部里演奏萨克斯,虽然收入不高,但他总是乐呵呵的,对什么事都表现出乐观的态度。他常说:"太阳落下去,还会升起来;太阳升起来,也会落下去。"

罗森很喜欢汽车,但是靠他的收入想拥有一辆属于自己的汽车是不太可能的。他常对朋友们讲:"要是有一辆汽车该有多好啊!"这个时候,他的眼里总是充满了向往。

于是有人建议他:"罗森,你可以去买彩票啊,也许上帝可以让你梦想成真!"

罗森抱着试一试的态度,去买了彩票。但是收入微薄的他只买了一张两块钱的彩票。可能真的是上帝优待于他,罗森买的那张彩票居然中了大奖。

罗森用奖金为自己买了一辆汽车,他常常开着一尘不染的汽车在大街上兜风,碰到需要搭车的人,他总是愿意送他们一程。但是他没有忘记从前,仍旧每天去俱乐部。

然而有一天,罗森的车丢了。那天晚上,他把车停在屋子外边。第二天,当他走出屋子的时候,发现心爱的汽车被盗了。

朋友们得知了这个消息,想到罗森爱车如命,而现在一夜之间,车丢了,都担心他受不了这个打击,便安慰他:"罗森,不要太难过了,以后还有机会的。"

罗森大笑着说:"我为什么要难过?"

朋友们都疑惑地互相看着,心里在想:"他可能是受到了强烈的刺激,有些失常。"

"如果你们有谁丢了两块钱,会难过吗?"罗森问。

"当然不会!"朋友们说。

"是啊,我丢的就是两块钱啊!"罗森笑着说。

"对,你丢的只是两块钱而已!"朋友们笑道。他们知道不用再为罗森担忧了。

"横看成岭侧成峰,远近高低各不同。"在浩渺无际的思维空间里,如果能从不同角度,用不同的视角观察和思考问题,学会用熟悉的眼光看陌生的事物,用陌生的眼光看熟悉的事物,就能从"山重水复"的迷境中走出来,欣赏到"柳暗花明"的美景。

换一个角度看问题，往往能带来另一种分析结果，甚至改变自己的思维，让自己的生活有不一样的色彩。

让积极思考成为习惯力量

积极思考是现代成功学非常强调的一种智慧力量，如果做一件事不经过思考就去做，那肯定是鲁莽的，也是会"撞墙"的，除非是特别幸运。但幸运并不是时时光顾的，所以，最保险的办法是三思而后行。但"思"也并不是件简单的事，思考也有它的特点和方法。成大事者都有自己良好的思考方法。

思考习惯一旦形成，就会产生巨大的力量，19世纪美国著名诗人及文艺批评家洛威尔曾经说过："真知灼见，首先来自多思善疑。"

爱因斯坦非常重视独立思考，他曾说："高等教育必须重视培养学生思考、探索的本领。人们解决世上所有问题用的是大脑的思维本领，而不是照搬书本的理论。"

正确的思考方法不是天生就有的，它需要后天的训练和个人有意的培养。青年人只要努力，就会有所收获。

下面介绍几种思考方法，仅供参考。

■ 正确认识自己

西方有句话说："性格即命运。"意思是命运是掌握在每个人自己手中的，因此个人的性格与心态就关系到个人的人生命运。

我们怎样对待生活，生活就怎样对待我们，我们怎样对待别人，别人就怎样对待我们。如果我们把自己的境况归咎于他人或环境，就等于把自己的命运交给了冥冥之主。如果我们始终对自己说"我能行"，并积极行动，我们也许就无所不能。

选准目标——"成功的第一要素"

思考，一定要选准目标。没有选准目标，将是白忙一场。

《成功》杂志庆祝创刊100周年时，编辑们节录了一些早期杂志中的优秀文章，其中有一篇关于爱迪生的访谈给读者们留下了十分深刻的印象，这篇访谈的作者奥多·瑞瑟在爱迪生的实验室外安营扎寨了3周，才获得了访问这位伟大发明家的机会。以下就是访谈的部分内容：

瑞瑟："成功的第一要素是什么？"

爱迪生："能够将你身体与心智的能量锲而不舍地运用在同一个问题上而不会厌倦的本领……可以说，我们每个人每天都做了不少的事。假如你早上7点起床，晚上11点睡觉，你就能做整整16个小时的工作，唯一的问题是，你们能做很多很多事，而我只能做一件。假如你们将这些时间运用在一个方向、一个目的上，你就会成功。"

由此可见，只有选准目标，并且多花心思于其上，才可能获得成功。

选准目标有两个重点：一是，让你的头脑冷静下来；二是，把握住现在。这也恰恰是一个成功者必备的素质之一。人们要从这些成功人士的身上学习优秀的习惯与作风，从而为自己的事业增添成功的动力。

构建合理的知识结构

人们要明白这样的道理，什么事情都要有一个合理的结构，才能成立。这样的结构只有通过思考才能建立，反过来，只有合理的知识结构，才能促进你在事业中更好地思考。所以，青年人要成大事，就要有自己的知识结构，从而使知识化为成功的动力。

知识结构具有全球普遍价值和意义。任何民族、任何国家都有自己独特的知识结构，而且，任何名人、任何大师，甚至每一个人都有自己独特的知识结构。知识结构是一个人、一个民族、一个国家进行伟大创新、创造的基础，是人类文明巨厦的基石。就个人而言，知识结构更是其创造的支柱，是成功的保障。

经验丰富的菜农，懂得在一块田中同时种植黄瓜、辣椒和茄子。它们都把自己的根伸到土壤中吸收各自所需的营养，但各自吸收的营养成分不同。正是因为菜农思考过这个问题，所以不同的植物才能结出同样丰硕的果实来。植物的成长过程和结果是如此，知识结构的建立和形成也很相似。人们在知识的海洋中吸取营养也是以自己所从事的事业为目标。凡是与自己创造目标关系极为密切的，或关系比较大的知识要统统吸收；而无关的知识，就应该果断地放弃，以免浪费了有限的时间。

在知识经济的背景下，具有合理知识结构和应用本领并积极思考的人，将成为时代的主人，而这一切都来源于强大的学习思考本领。这是未来社会对人才的基本要求，在未来社会每个人都必须做到"无所不能"。在这个信息纷繁复杂、科技日新月异的时代里，青年人如果没有高超的学习及思考的本领，没有及时学习新的理论、技能，不能及时更新观念，结果必然是被淘汰出局。

"行成于思"，没有思考就不会有行动，当然也不会获得成功。

只要仔细观察分析，就不难找出事物间的联系

一个阿拉伯人在北非沙漠里失去了骑骆驼的同伴，找了一整天也没有找到。晚上，他遇到了一个贝都因人。阿拉伯人开始打听失踪的同伴和他的骆驼。

"你的同伴不仅是胖子而且是跛子对吗？"贝都因人问，"他手里是不是拿了一根棍子？他的骆驼只有一只眼，驮着枣子，是吗？"

阿拉伯人高兴地回答说："对，对！这是我的同伴和他的骆驼。你是什么

时候看见的？他们往哪个方向走了？"

贝都因人说："我没看见他们。从昨天起，除了你，我一个人也没看见过。"

阿拉伯人生气地说："你刚才详细说出了我的同伴和骆驼的样子，现在却说没有见到过，这不是在欺骗我吗？"

"我没骗你，我确实没看见过他。不过，我还是知道，他在这棵棕榈树下休息了许久，然后向叙利亚方向走去了。这一切发生在3个小时之前。"

"你既然没看见他，那么这一切又是怎么知道的呢？"

"我确实没看见过他。我是从他脚印里看出来的。"

贝都因人拉着阿拉伯人的手，指着脚印说："你看，这是人的脚印，这是骆驼脚掌的印子，这是棍子的印子。你看人的脚印，左脚印比右脚印大和深，这不是明明白白说明，走过这里的人是个跛子吗？现在再比一比他和我的脚印，你会发现，那个人的脚印比我的深，这不是表明他比我胖？你看，骆驼都吃它身体右边的草，这就说明，骆驼只有一只眼，它只能看到路的一边。你看，这些蚂蚁都聚在一起，难道你没看清它们都在吮吸枣汁吗？"

阿拉伯人问："那么你怎么确定他们在3个小时以前离开这里的呢？"

贝都因人说，"你看棕榈树的影子，在这大热天，你总不会认为一个人不要凉快而坐在太阳光下吧！所以可以肯定，你的同伴是在树荫下休息的。可以推算得出：阴影从他躺下的地方移动到现在我们看到的地方，需要3小时左右。"

后来，阿拉伯人找到了他的同伴，事实证明贝都因人说的一切都是正确的。

根据问题逐步思考，问题就可以轻易解决

据说，美国华盛顿广场有名的杰弗逊纪念堂，因年深日久，墙面出现裂纹。为了保护好这幢建筑，有关专家曾进行了专门研讨。

最初，大家认为损害建筑物表面的元凶是酸雨。专家们通过进一步研究，却发现对墙体侵蚀最直接的原因，是每天冲洗墙壁所含的清洁剂对建筑物有酸蚀作用。为什么每天都要冲洗墙壁呢？是因为墙壁上每天都有大量的鸟粪。为什么会有那么多鸟粪呢？因为大厦周围聚集了很多燕子。为什么会有那么多燕子呢？因为墙上有很多燕子爱吃的蜘蛛。为什么会有那么多蜘蛛呢？因为大厦四周有蜘蛛喜欢吃的飞虫。为什么有这么多飞虫？因为飞虫在这里繁殖特别快。而飞虫在这里繁殖特别快的原因，是这里的尘埃最适宜飞虫繁殖。为什么这里最适宜飞虫繁殖？因为开着的窗阳光充足，大量飞虫聚集在此，超常繁殖……

由此发现解决问题的办法很简单，只要关上整幢建筑的窗户就行了。此前，专家们设计的一套套复杂而又详尽的维护方案也就成了一纸空文。

抓住关键问题，困难才会迎刃而解

从前，有一位守园人看守着一座官家园林。

园子中长着一棵毒树，这棵树虽有毒，但长得非常好，大大的枝丫伸向空中就像一把撑开的伞。许多游人来到园中游玩观赏，停在这棵毒树下乘凉休息，结果沾上了毒气，有的头痛欲裂，有的腰酸背痛，有的甚至躺在树下再也起不来了。

守园人知道了这是一棵毒树，又目睹众人在树下休息不是得病就是丧命的遭遇，就决心用斧子砍掉这棵毒树。

他找来一把一丈多长的长柄斧子，远远地站着砍倒了毒树。可奇怪的是，不到十几天，毒树又重新长起来了，而且枝叶变得更加茂盛，团团簇簇，煞是好看，还有那说不出的种种奇妙之处，众人见了没有不喜欢的。

由于众人不知底细，看到这么一个好地方，都纷纷争着抢着到这棵毒树下来乘凉。可是还没等太阳的影子移开，人们就又遭到了毒害的厄运。

守园人见了，又像以前一样，拿着长柄斧子远远地砍树。可是没多久，树又长出来了，而且长得比被砍之前的更加好看。就这样，守园人砍了一次又一次，但每次砍后不久，毒树又重新长出更好看的枝叶来。

那个守园人的族人、亲戚、妻子、儿女、仆人等，都是因贪图在这树荫下乘凉享乐而中毒身亡。只剩下守园人孤身一人，日夜忧愁苦闷。

他哭哭啼啼地在路上走。不一会儿，他碰到了一位老者，就向老者哭诉自己的不幸遭遇。

老者听后，对守园人说："你的这些不幸遭遇和痛苦，完全都是你自己造成的！要想堵住流水，就得高筑堤坝；要想砍绝毒树，就必须挖掘树根啊！像你每次砍掉的仅是毒树的枝干，就好比是给毒树修剪枝叶一样，怎么能叫砍树呢？你现在赶紧去挖掉这毒树的根吧！"

守园人照着老者的话做了，结果树果然死了。

关键问题在事物发展过程中起决定作用，所以，不抓住问题的关键，怎么能够解决问题？

第八章

专注于心,执着于行

不再四处救火，你必须拥有专注力

你是否有过这样的沮丧经历，你忙于四处救火，一天忙到晚，但你的努力却没有什么回报，几乎所有的事情都陷入拖延的状态。有时你是否会因为时光不断流逝，却无法迅速做完事情而生自己的气？你明白自己不应该再拖延，但你却不清楚如何才能做这种改变。

实际上，这一改变需要专注。你如果注意力分散、无法集中精力，那是再正常不过的事。在清醒的每一刻，你忙于应付来自外界的各种干扰，这会儿你的注意力被铺天盖地的广告占据，下一秒你的注意力可能就被父母或同事的唠叨所占据。当初自己所设定的那些目标，总是那么遥不可及，而这一切都是不够专注的错。

戴尔公司董事会主席戴尔·迈克尔说过："专注，具有神奇的力量。它是一把打开成功大门的神奇之钥！它能打开财富之门，它也能打开荣誉之门，它还能打开潜能宝库的大门。在这把神奇之钥的协助下，我们已经打开了通往世界所有各种伟大发明和成功的秘密之门。"

康威尔专心于发表一篇单独演说《满坑满谷的钻石》，结果使他获得了超过600万美元的报酬。

赫斯特专心于创办煽情性的报纸，使他赚入几百万美元。

伊斯特曼致力于生产柯达小照相机，为他赚进数不清的金钱，也为全人类带来无比的乐趣。

雷格莱专心于生产及制造一包五美分的口香糖，结果使他赚进数以百万计的利润。

杜何帝专心于建造及经营公用事业工厂，并使自己成为一名百万富翁。

英格索致力于生产廉价手表，终于使全世界充满各式各样的钟表，也使他获得了大笔财富。

巴尼斯专心于销售爱迪生牌语音机，他在年轻时就宣布退休，那时他已经为自己赚进了用不完的钱。

吉利致力于生产安全刮胡刀片，使全世界的男人都能把脸刮得"干干净净"，也使自己成为一名百万富翁。

洛克菲勒专心于石油事业，使他成为他那个时代最有钱的商人。

福特专心于生产廉价小汽车，结果使他成为有史以来最富有及最有权势的人物。

卡内基专注于钢铁事业，积聚了庞大的财富，他的姓名被刻记在美国各地的公共图书馆里。

…………

专注让人获得成功，也让人享受迅速完成工作的乐趣。人们能够在专注中忘却烦恼与哀愁，当一个人集中精力专注于眼前的工作时，就会减轻其工作压力，做事就不会令其生厌，也不再风风火火和毛躁。对工作的专注，甚至还能使一个人更热爱公司，更加热爱自己的工作，并从工作中体会到更多的乐趣。

一个人不能专注自己的工作，是很难把事情做好的。专注于某个目标，并全身心投入的人，往往会创造出奇迹。

当我们专注于一件事时，你会发现自己的思维异常活跃，能够高效率地做事，而且许多平时难以解决的难题也会变得简单起来。这就是专注的力量。

美国发明家爱迪生认为，高效工作的第一要素就是专注。他说："能够将你的身体和心智的能量锲而不舍地运用在同一个问题上而不感到厌倦的能力就是专注。对于大多数人来说，每天都要做许多事，而我只做一件事。如果一个人将他的时间和精力都用在一个方向、一个目标上，他就会成功。"

很多人之所以习惯拖延，并不是因为他们没有才干，而是他们无法专注。专注是高效工作的"捷径"，一心一意地专注于自己的工作，是每个人获取成功不可或缺的品质。

排除一切干扰，专注地投入其中

很多时候，我们并不喜欢总是拖延，因为要疲于应付外界的各种干扰，事情不知不觉就耽搁下来了。

不拖延的奥秘就是做到专心致志、心无旁骛。心无旁骛的人在做任何事情的时候，都能够不被外界影响，专心于自己的目标，工作高效并最终获得成功。

孔子带领弟子们去楚国采风。他们一行从树林中走出来，看见一位驼背翁正在捕蝉。他拿着竹竿粘捕树上的蝉，就像在地上拾取东西一样自如。

"老先生捕蝉的技术真高超。"孔子恭敬地对老翁表示称赞后，问，"您对捕蝉想必是有什么妙法吧？"

"方法肯定是有的，我练捕蝉五六个月后，在竿上垒放两粒粘丸而不掉下，蝉便很少逃脱；如垒三粒粘丸仍不落地，蝉十有八九会捕住；如能将五粒粘丸垒在竹竿上，捕蝉就会像在地上拾东西一样简单容易了。"

捕蝉翁说到此处，捋捋胡须，开始对孔子的弟子们传授经验。他说："捕蝉首先要先练站功和臂力。捕蝉时身体定在那里，要像竖立的树桩那样纹丝不动；手握竹竿伸出去，要像控制树枝一样不颤抖。最重要的是，注意力高度集中，只要我捕蝉，无论天大地广，万物繁多，在我心里只有蝉的翅膀。无论风吹鸟鸣，我都不被打扰。精神到了这番境界，捕起蝉来，还能不手到擒来、得心应手吗？"

驼背翁捕蝉的故事不仅给孔子及弟子们以启示，也给我们以启示：不被任何事情打扰，才能出色高效地完成任务。一个人，假如想尽快做自己的事，却被周围很多事情吸引注意力，很轻易地被打扰，这样的人做事肯定喜欢拖延。要知道，很多所谓做事迅速的人无不是克服了外界的很多打扰，能够忽视外界的影响，全身心地投入，他们往往也是各行各业的佼佼者。

著名的IBM公司在招聘员工时，通常在最后一关时，由总裁亲自考核。

营销部经理约翰在回忆当时应聘的情景时说："那是我一生中最重要的一个转折点，一个人如果没有心无旁骛的精神，那么他就无法抓住成功的机会。"

那天面试时，公司总裁找出一篇文章对约翰说："请你把这篇文章一字不漏地读一遍，最好能一刻不停地读完。"总裁说完，就走出了办公室。

约翰心想：不就读一遍文章吗？这太简单了。他深吸一口气，开始认真地读起来。过一会儿，一位漂亮的金发女郎款款而来："先生，休息一会儿吧，请用茶。"她把茶杯放在桌几上，冲着约翰微笑着。约翰好像没有听见也没有看见似的，还在不停地读。又过了一会儿，一只可爱的小猫伏在他的右脚边，用舌头舔他的脚踝，他只是本能地移动了一下他的脚，丝毫没有影响他的阅读，他似乎也不知道有只小猫在他脚下。

那位漂亮的金发女郎又飘然而至，要他帮她抱起小猫。约翰还在大声地读，根本没有理会金发女郎的话。终于读完了，约翰松了一口气。

这时，总裁走了进来，问："你注意到那位美丽的小姐和她的小猫了吗？"

"没有，先生。"

总裁又说道："那位小姐可是我的秘书，她打扰了你几次，你都没有理她。"

约翰很认真地说："你要我一刻不停地读完那篇文章，我只想如何集中精力去读好它，这是考试，关系到我的前途，我不能不专注于更重要的事。别的什么事我就不太清楚了。"

总裁听了,满意地点了点头,笑道:"小伙子,你表现不错,你被录取了!在你之前,已经有很多人参加考试,可没有一个人及格。"他接着说,"在纽约,像你这样有专业技能的人很多,但像你这样专注工作的人太少了!"

果然,约翰进入公司后,靠自己的业务能力和对工作的专注热情,很快得到提升。

心无旁骛,会让我们做事情更加高效。在工作时,如果不断地因为外界的打扰分散注意力,就不能专注于当前正在处理的事。如果一个人不能忽视外界影响,而是一会儿被一个电话,一会儿被一个短信,一会儿被别人说的话干扰,工作效率就会大打折扣。

养成心无旁骛的习惯,你的工作会变得更有效率,你也能更加乐于工作。一方面,当你心无旁骛地工作时,你不被任何外界因素打扰和影响,你对工作的焦虑会大大减轻。因为你越是不被外界打扰,越能排除搅扰你注意力的因素,你心中的事情就越来越少,而很多时候工作上的毛躁与焦虑是因为我们心中的事情太多。另一方面,当我们心无旁骛地工作时,外界因素在我们心中就会居于次要的地位,我们会少了很多对工作环境和同事的抱怨,自然与同事的关系更和谐,享受到更多的工作乐趣。

无论做什么事,心无旁骛地完成自己已定的目标,不被外界打扰都是高效工作、做事不拖延的关键,它会让你在享受工作快乐的同时,也享受事业的成功。

争取一次就把事情做到位

有一位地毯商人,看到美丽的地毯中央隆起了一块,便把它弄平了;但是在不远处,地毯又隆起了一块,他再把隆起的地方弄平;不一会儿,一个新地方又再次隆起了一块；如此一而再、再而三地，他试图弄平地毯；直到最后，他拉起地毯的一角，看到一条蛇溜出去了。

很多人解决问题，就像这位地毯商人一样，并非第一次就把事情解决，只是把问题从系统的一个部分推移到另一部分，或者只是完成一个大问题里面的一小部分，经过多次的重复，极大地浪费了时间。

很多人都有这种思维：这次做不对，还有下次呢。可是，下次到了，又推到了下下次，如此，事情永远得不到彻底的解决。比如，工厂的某台机器坏了，负责维修的师傅只是做一下最简单的检查，只要机器能正常运转了，他们就停止对机器做彻底清查，只有当机器完全不能运转了，才会引起他们的警觉，这种只满足于小修小补的态度如果不转变，将会给公司和个人带来巨大的损失。正确的做法是第一次就把事情做到位，不把问题留给下一次。

对于任何一件工作，要么干脆不做，要么一次性解决，第一次就把事情做对。一步到位是一种绝对认真的做事方式。做一件事，我们如果存有下次再来或会有别人解决的想法，那么，我们这一次就不会全身心投入，失败的概率就很大。

李伟是一家广告公司创意部的经理，但他有一个毛病，就是做事粗糙，为此曾给自己和公司带来不少麻烦，他自己也苦不堪言。

有一次，公司接到一个客户的任务。由于完成任务的时间比较紧，李伟在第一次审核广告公司回传的样稿时，没有仔细检查。后来，他在反复修改中，自认为已经经过好几次审核了，应该没问题。于是，他就放心交出去了自己手中完成的业务。没想到，在发布的广告中，他弄错了一个电话号码——服务部的电话号码被他们打错了一个数字。而正是他第一次检查的时候根本就没有注意。结果，就是这么一个小小的错误，给公司造成了一系列的麻烦和损失。他个人也因此受到了不小的处分和罚款。

我们平时最经常说到或听到的一句话就是："我很忙。"是的，在上面的案例中，李伟的确很忙，时间紧任务重。可是，忙了大半天却忙的是不正确的事情。这一切，只是由于李伟在第一次审稿的时候，没把错误找出来，没把事情做对。

所以，在"忙"得心力交瘁的时候，我们是否考虑过这种"忙"的必要性和有效性呢？即使整天忙忙碌碌，也要停下脚步检查一下，自己是否是有为的，是否在做着像李伟一样的工作呢？假如在第一次审核样稿的时候李伟稍微认真一点儿，就不会造成如此重大的损失。由此可见，第一次没做好，不仅浪费了时间，更花费了一些本不该付出的冤枉债。

如果第一次没把事情做对，忙着改错，改错中也很容易忙出新的错误，恶性循环的死结就会越缠越紧。这些错误往往不仅让自己忙，还会放大到让很多人跟着你忙，造成整个团队工作效率的低下。

所以，盲目的忙乱毫无价值，必须终止。再忙，我们也要在必要的时候停下来思考一下，用脑子使巧劲解决问题，而不是盲目地拼体力交差，第一次就把事情做好，把该做的工作做到位，这正是解决"忙症"的要诀。

"千里之堤，溃于蚁穴。"对于第一次就发现的问题，如果没有采取行动，就会酿成不可估量的损失。再小的问题，如果不在第一次就有效地解决，它会像滚雪球一样不断加剧，直至演化到不可收拾的地步。同样，在现实工作中，失败常常是因为许多个第一次残留的错误积累酿成的。

我们工作的目的是忙着创造价值，而不是忙着制造错误或改正错误。只要在工作完工之前想一想出错后带给自己和公司的麻烦，想一想出错后造成的损失，就应该能够理解"第一次就把事情完全做对"这句话的分量。同时，在效率为上的社会，第一次就把事情做对是企业赢得竞争胜利的不二法宝，也是个人迈向成功的关键。

越简单，越高效

在许多人的印象中，做任何事情仿佛是与复杂结缘的：他们不仅把问题看得复杂，更把解决问题的方式变得复杂，甚至钻到"牛角尖"里无法出来。

学会把问题简单化，是克服拖延的一个重要习惯。马上行动，追求简单，事情就会变得越来越容易。化繁为简，可以让你的工作变得可行，你的信心也会跟着大增。

现代社会，工作愈趋复杂、节奏愈趋紧凑，很多时候，人们都将原本简单的问题复杂化了，这时，"保持简单"是最好的应对原则。

"简单"来自清楚的目标与方向，知道自己该做哪些事、不该做哪些事。工作中无所适从的时候，选择简单之法不失为聪明之举。

当年，迪士尼乐园经过三年施工，即将开放，可路径设计仍无完美方案。

一次，总设计师格罗培斯驱车经过法国一个葡萄产区，一路上看到不少园主在路旁卖葡萄少人问津，山谷前的一个葡萄园却顾客盈门。

原来，那是一个无人看管的葡萄园，顾客只要向园主老太太付5法郎，就可随意采摘一篮葡萄。该园主让人自由选择的方法，赢得了众多顾客的青睐。

大师深受启发，他让人在迪士尼乐园撒下草种，不久，整个乐园的空地就被青草覆盖。

在迪士尼乐园提前开放的半年里，人们将草地踩出许多小径，这些小径优雅而自然。后来，格罗培斯让人按这些踩出的路径铺设了人行道。结果，迪士尼乐园的路径设计被评为世界最佳设计。

我们在做任何事情的时候，如果感到走投无路、纷繁杂乱，不如把事情简单化，从最简单的地方入手。因为想得太复杂，就会有太多的顾虑，这样反而会让我们走弯路，事情的结果也会和我们希望的相反。

"奥卡姆剃刀"就是简单思维的一个重要原则，它是由出生在英国奥卡姆的威廉提出的。根据"奥卡姆剃刀"这一原则，对任何事物准确的解释通常是那种"最简单的"，而不是那种"最复杂的"，这就像电脑无法启动，我们需要的是先看看是不是电源没有接好，而不是将电脑主机拆开检查是不是某个硬件坏了。

"奥卡姆剃刀"的原则看起来很通俗，但是很切合实际。现实中，我们很多人自以为掌握了丰富的知识，所以遇事往往容易往复杂处想，这样一来，我们的思路就会变得复杂。其实，很多时候，往往是简单的思路产生了绝妙的点子。

从方法论角度出发，"奥卡姆剃刀"就是舍弃一切复杂的表象，直指问题的本质。可惜，当今有不少人，往往自以为掌握了许多知识，喜欢将一件事情往复杂处想。

一家著名的日用品公司换了一条全新的包装流水线，但是之后却连连收到用户的投诉，抱怨买来的香皂盒子里是空的，没有香皂。这立刻引起了这家公司的注意，并立即着手解决这个问题。一开始公司准备在装配线一头用人工检查，但因为效率低而且不保险而被否定了。这可难住了管理者，怎么办？不久，一个由自动化、机械、机电一体化等专业的博士组成的专业小组来解决这个问题，没多久他们在装配线的头上开发了全自动的X光透射检查线，透射检查所有的装配线尽头等待装箱的香皂盒，如果有空的就用机械臂取走。

这时，同样的问题发生在另一家小公司。老板吩咐流水线上的小工务必想出对策解决问题。小工申请买了一台强力工业用的电扇，放在装配线的头上去吹每个肥皂盒，被吹走的便是没放肥皂的空盒。

同样的问题，一个花了大力气、大本钱研究了X透视装备，一个却用简单的电风扇吹走空的肥皂盒，不同的方法一样解决问题。或许有人认为小工想到的用风扇吹走空肥皂盒的方法太简单，太没有技术含量，但是，它达到了目的，解决了问题，这就足够了。

在工作中，没有人不希望最快、最有效地解决问题。但有的人能做到，有的人却做不到。这其中原因有很多，有时候正是因为我们把问题想得太复杂，才使得解决方法无处可寻。当我们的思路又开始变得复杂时，应该时刻提醒自己：该拿起奥卡姆剃刀了，剪掉那些纷杂的思绪。

世界是复杂的，但也是简单的，只是我们常常被自己的习惯性思维禁锢，从而把简单的事情弄复杂了。如何将复杂的事情回归于简单，根除工作的"复杂病"，是每一个人都需要思考的问题。

切忌"眉毛胡子一把抓"

"眉毛胡子一把抓"只会让我们分不清事情的轻重缓急，无法按照"何者当先""何者宜后"的原则处理问题。而如何防止"眉毛胡子一把抓"正是我们很多人都在思考的问题。有效的时间管理可以带来美好的生活。

在安排计划的优先顺序时，有一种简单的"ABCD法"非常实用。所谓"ABCD法"，是根据自己的目标，将计划中最为重要的事情归于 A 类，这类事情如果没有完成，后果非常严重；其次的事情归于 B 类，它们需要你去做，但如果没有完成，后果不会太严重；把那些做了更好、不做也行的事情，做或不做都不会有任何不好的事情归于 C 类；把可以交给别人去完成，或完全可以取消、做不做没有差别的事情归为 D 类。

经这样分类后，处理事情时，就会节省下考虑应该先做什么事情的时间。只要看一看计划表，就能够很快地知道自己该进行哪一项工作了。为了更加有效地进行工作，在 A 类的各项计划中，还可以再进行细分，用"A1""A2""A3"等来标示其顺序。这样一来，即使在时间紧迫的情况下，你也可以很快找到自己应该着手进行的事项。

成功应用"ABCD法"的关键，是你必须要严格自律，每天一定将工作清单根据上述分类法加以清楚标示，接着从A1工作开始做起，一次只专心做一件事。

100%完成A1事项后，再依序完成其他事项，尽快授权或外包D类事项，可以取消的话就立刻取消。

养成用"ABCD法"做计划并切实执行的好习惯，会使你每天的工作生活变得有秩序，可以帮助你完全掌控时间，掌握工作的重点与节奏。

第九章

终结拖延症，成就更好的自己

时不待我，不要拖延

时光不会倒流，生命不会重来，所以人的一生总会留下无尽的遗憾。生活中常听到三四十岁的中年人感叹"长江后浪推前浪"，面对冲劲十足的后来者，他们感到了巨大的生存压力。

成功不是想出来的，也不是说出来的，而是做出来的，是在行动中才能产生的。一切方法、意愿只有在行动中才能发挥指导和辅助的作用，没有行动，一切都是幻想罢了。

有两个学生同时报考某教授的博士生，可是教授只招一个学生。于是教授就给他们出了一道题目，两个学生同时做完了题目。过程一样精彩，结果也一样正确，难分伯仲。教授思考了一下，选择了其中一个。

另一个学生很不服气地问教授："为什么没有选择我？"

教授指着题目开始做的时间说："题目是我上周五下午布置的，他是上周五下午4点开始做的，你是本周周一开始做的。我之所以选择他，是因为我认为一个立刻开始行动的人更具竞争力。"

办事拖拉是很多人的毛病。"明日复明日，明日何其多"，因为年轻，时间多多，岁月多多，对拖拉也就不以为然。但是要提高工作效率，干出一番事业，就要尽早克服拖拉的习惯，因为拖拉会造成严重的后果。

一位年轻的女士在怀孕时非常高兴地在丈夫的陪同下买回了一些颜色漂亮的毛线，她打算为自己腹中的孩子织一身最漂亮的毛衣、毛裤。

可是她却迟迟没有动手，有时想拿起那些毛线编织时，她会告诉自己："现在先看一会儿电视吧，等一会儿再织。"等到孩子快要出生了，那些毛线还像新买回的那样放在柜子里。

孩子生下来了，是个漂亮的男孩。在初为人母的忙忙碌碌中，孩子渐渐长大。很快孩子就一岁了，可是毛衣、毛裤还没有开始织。后来，这位年轻的母亲发现，当初买的毛线已经不够给孩子织一身衣服了，于是打算只给他织一件毛衣。不过打算归打算，动手的日子却被一拖再拖。

当孩子两岁时，毛衣还没有织。当孩子三岁时，母亲想，也许那团毛线只够给孩子织一件毛背心了，可是毛背心始终没有织成。渐渐地，这位母亲已经想不起来这些毛线了。

孩子开始上小学了，一天孩子在翻找东西时，发现了这些毛线。孩子说真好看，可惜毛线被虫子蛀了，便问妈妈这些毛线是干什么用的，此时妈妈才又想起自己曾经憧憬的毛衣、毛裤 。

人为什么会被"拖延"的恶魔所纠缠，很大的原因在于当认识到目标的艰巨时所采取的一种逃避心理，能以后再做的就尽量以后再做，只要今天舒服就行，拖延就这样成为"逃避今天的法宝"。

有些事情你的确想做，绝非别人要求你做，尽管你想，但却总是在拖延。你不去做现在可以做的事情，却想着将来某个时间来做。这样你就可以避免马上采取行动，同时你安慰自己并没有真正放弃决心。你会跟自己说："我知道自己要做这件事，可是我也许会做不好或不愿意现在就做。应该准备好再做，于是，可以心安理得了。"每当你需要完成某项艰苦的工作时，你都可以求助于这种所谓的"拖延法宝"，这个法宝成了你最容易，也是最好的逃避方式。

人的本质都是懦弱的，从这一点上说，拖延和犹豫是人类最合乎人情的弱点。但是正因为它合乎人情，没有明显的危害，所以无形中耽误了许多事情，由此引起的烦恼实质上比明显的罪恶还要厉害。你拖延得了一时，却拖延不过一世，今天你利用拖延避免了暂时的失败，但这样做并没有任何长远好处。在你避免可能遭到失败的同时，你也失去了取得成功的机会。

重拾行动力，克服拖延症

你打算什么时候开始完成手头的项目？你在等什么，是在等待别人的帮助还是等待问题消失？明明已经有了计划，但不能付诸执行，问题仍在等着你，而那些同时起步的人已经解决了问题，开始了下一步计划。

不拖延的人都是具有高效执行力的人，他们会想尽办法尽快完成任务。"最理想的状态是任务在昨天完成。"对于应该尽快完成的事，要在第一时间进行处理，争取让工作早点瓜熟蒂落，让自己放心。

千万不要把昨天就能完成的工作拖到今天，把今天就能完成的工作拖到明天。最好不要等到别人开口，说那句"你什么时候做完那件事"，才匆忙呈上自己的成绩。

比尔·盖茨说："过去，只有适者能够生存；今天，只有最快处理完事务的人能够生存。"对于一名绝不拖延的行动者来说，"马上就办"是唯一的选择。

李·雷蒙德是工业史上绝顶聪明的首席执行官之一，是洛克菲勒之后最成功的石油公司总裁——他带领埃克森·美孚石油公司继续保持着全球知名公司的美誉。

有一次，李·雷蒙德和一位副手到公司各部门巡视工作。到达休斯敦一个区加油站的时候，李·雷蒙德却看见油价告示牌上公布的还是昨天的数字，并没有按照总部指令将每加仑油价下调5美分进行公布，他十分恼火。

李·雷蒙德立即让助理找来了加油站的主管约翰逊。远远地望见这位主管，他就指着报价牌大声说道："先生，你大概还熟睡在昨天的梦里吧！因为我们收取的单价比我们公布的单价高出了5美分，我们的客户完全可以在休斯敦的很多场合，贬损我们的管理水平，并使我们的公司被传为笑柄。"

意识到问题的严重性，约翰逊连忙说道："对不起，我立刻去办。"

看见告示牌上的油价得到更正以后，李·雷蒙德面带微笑说："如果我告诉你，你腰间的皮带断了，而你却不立刻去更换它或者修理它，那么，当众出丑的只有你自己。"

也许加油站的主管约翰逊认为，当天的油价只要在当天换就来得及。但是商业环境的竞争节奏正在以令人眩目的速率快速运转着，我们所应该做的应该是"绝不拖延"。

世界上有许多人都因拖延而一事无成。不提出任何问题，不表示任何困难，以最快的速度，用最好的质量，马上就办，这才是最优秀的人。

解决问题，让问题到此为止

在战场中，需要能够带来胜利而不是问题的将军，同样的道理，任何时候都需要那些能够克服困难，能够带来结果而不是问题的人。

只不过，我们的身边总是不乏那些不断推诿责任以至于不断拖延的事例。在某企业的季度会议上就可以听到类似的推诿。

营销部经理说："最近销售不理想，我们得负一定的责任。但主要原因在于对手推出的新产品比我们的产品先进。"

研发经理"认真"总结道："最近推出新产品少是由于研发预算少。大家都知道杯水车薪的预算还被财务部门削减了。"

财务经理马上接着解释："公司成本在上升，我们能节约就节约。"

这时，采购经理跳起来说："采购成本上升了10%，是由于俄罗斯一个生产铬的矿山爆炸了,导致不锈钢价格急速攀升。"

于是,大家异口同声说:"原来如此!"言外之意便是:大家终于都找到了推脱的借口。

最后,人力资源经理终于发言:"这样说来,我只好去考核俄罗斯的矿山了?"

这样的情景经常在各个企业上演着——当工作出现困难时,各部门不寻找自身的问题,而是指责相关部门没有配合好自己的工作。相互推诿、扯皮,责任能推就推,事情能躲就躲。最后,问题只有不了了之。

美国总统杜鲁门上任后,在自己的办公桌上摆了个牌子,上面写着"Book of stop here",翻译成中文是:问题到此为止。也可以理解为,让自己负起责任来,不要把问题丢给别人。

在生活和工作中,总会有问题出现,我们解决问题的能力越大,就越能体现我们的价值!如果我们面对问题,不是一味去找借口,而是积极主动地寻找方法,再难的问题也能解决。

能不能解决好问题,也是一个企业衡量员工价值的重要标准。你有多少解决不了问题的借口都没有任何用处,对于决策者和你自己来说,你解决问题的结果才是最重要的。

王光和张颐同时供职于一家音像公司,他们能力相当。有一次,公司从德国进口了一套当时最先进的采编设备,比公司现用的老式采编设备要高好几个档次。但是说明书是用德文写的,公司里没有人能看得懂。

老板把王光叫到办公室,告诉他:"我们公司新引进了一套数字采编系统,希望你做第一个吃螃蟹的人,然后再带领大家一起吃。"

王光连忙摇头说:"我觉得不太合适,一方面我对德语一窍不通,连说明书都看不懂;另一方面,我怕把设备弄出毛病来。"

老板眼里流露出失望的神色。

老板又叫来了张颐，张颐很爽快地答应了，老板很高兴。

张颐接下任务后就马不停蹄地忙碌起来。他对德文也是一窍不通，于是就去附近一所大学的外语学院，请德语系的教授帮忙，把德文的说明书翻译成中文。在摸索新设备的过程中，他有很多不明白的地方，就在教授的帮助下，通过电子邮件，向德国厂家的技术专家请教。短短一个月下来，张颐已经能够熟练使用新的采编设备。在他的指导下，同事们也都很快学会了使用方法。张颐因此得到了老板的赞赏。

以后，有了什么任务，老板总是第一时间找到张颐。因为他知道，张颐不会让他失望。

一个习惯于寻找借口的人，总是和悲观主义、无助感等消极因素相伴而行。"没有解决不了的问题，只有解决不了问题的人"是一种自信与勇敢的体现，这表明了一个人对自己的职责和使命的态度。

我们在工作生活当中，任务或工作完成不好的情况下，往往会找出这样或那样的借口来掩饰我们的失误、无能、懦弱和懒惰。其实，无论对于自己还是对于他人而言，真正需要的并不是借口，而是让问题到此为止！

让"快速行动"成为一种习惯

日本著名企业家盛田昭夫说："我们慢，不是因为我们不快，而是因为对手更快。如果你每天落后别人半步，一年后就是一百八十三步，十年后即十万八千里。"

我们不仅仅需要不拖延，还需要比以别人更快的速度去行动。

曾担任过《大英百科全书》美国分册主编的沃尔特·皮特金在好莱坞工作时，一位年轻的支持者向他提出了一项大胆的建设性方案。在场的人全被吸引住了，它显然值得考虑，不过他可以从容考虑，然后与别人讨论，最后再决定如何去做。但是，当其他人正在琢磨这个方案时，皮特金突然把手伸向电话并立即开始向华尔街拍电报，用电文热烈地陈述了这个方案。当然，拍这么长的电报费用不菲，但它转达了皮特金的信念。

出乎意料的是，1000万美元的电影投资立项就因为这个电文而拍板签约。假如他拖延行动，这项方案极可能就在他小心翼翼的漫谈中流产（至少会失去它最初的光泽），然而皮特金立刻付诸了行动。

无论是公司还是个人，没有在关键时刻及时做出决定或行动，而让事情拖延下去，会给自身带来严重的伤害。

商机如战机，随时都可能消失，只有立即行动的人才能把握一切。拖延像一颗职场毒瘤，需要马上切除，优秀的人永远是从现在开始行动，不把任何事情拖延到下一分钟。赶快鞭策自己摆脱"等一分钟"的桎梏，以比别人更快的速度去行动，才能挟制"等待下一分钟"的"第三只手"，把你从拖延的陷阱中拯救出来。

生活中，我们总对自己说，明天我要如何如何。工作中也是如此，很多员工对自己过分宽容，习惯用"今天来不及了，等明天再开始做吧"来拖延。其实明天也许永远不可能到来，每天都是今天，为什么不把起点设在今天呢？

很多时候，你若立即进入主题，会惊讶地发现，浪费在万事俱备上的时间和潜力会让你懊悔不已。而且，许多事情若立即动手去做，就会感到快乐、有趣。

拖延常常是少数人逃避现实、自欺欺人的表现。然而，无论你是否在拖延时间，自己的事情都必须由自己去完成。通过暂时逃避现实，从暂时的遗忘中获得片刻的轻松，这并不是根本的解决之道。

当然，以更快的速度去行动不一定能获得最终的成功，但迟疑不决注定不能将事情做成。我们应该记住这一点。

不要让"借口"毁了你

我们对于不愿意去做的事情，总选择拖延，并且总能找出千万个借口来推脱。有些人总是喜欢找各种各样的理由来证明自己为什么做不到，或者把工作中出现的失误怪罪到别人身上。

其实，当你不愿意去做一件事情时，在做之前你就已经想好了借口。这样你会认为，能够完成当然是好事，不能做好也能够开脱。

休斯·查姆斯在担任"国家收银机公司"销售经理期间，曾面临了一种最为尴尬的情况，公司的销售量一直在下跌。到后来，情况极为严重，销售部门不得不召集全体销售员开一次大会，在全美各地的销售员皆被召去参加这次会议。

查姆斯主持了这次会议。他请手下最佳的几位销售员站起来，要他们说明销售量为何会下跌。

这些推销员在被唤到名字后一一站起来，每个人都有一段令人震惊的悲惨故事要向大家倾诉：商业不景气、资金缺少、人们都希望等到总统大选揭晓之后再买东西，等等。每个销售员都在列举使自己无法达到平常销售配额的种种困难情况，会场弥漫着一股悲壮的气氛。

从旁观者的角度出发，这些销售员的理由的确是没有错的。但是，很显然，公司安排销售员这个职位，是为了解决问题，而不是听他们对困难长篇累牍的分析。如果有些事情必须由你来完成，你就没必要准备各种借口而浪费时间，除非你想离开那个岗位。

当以这样或那样的借口为自己推脱责任时，事情的结果已经被自己限定死了。在工作中需要解决问题之前，不要着急为自己寻找借口，而应千方百计克服困难。当我们想做成事情时，一定能找到方法。

还是让我们来看看休斯·查姆斯是如何做的。

当销售员们还在阐述各种困难时,查姆斯先生说道:"停止,我命令大会暂停十分钟,让我把我的皮鞋擦亮。"

然后,他命令坐在附近的一名小工友把他的擦鞋工具箱拿来,并要求这名工友把他的皮鞋擦亮。在场的销售员都惊呆了。那位小工友先擦亮他的一只鞋子,然后又擦另一只鞋子,表现出第一流的擦鞋技巧。

皮鞋擦亮之后,查姆斯先生给了小工友一些钱,然后说道:

"我希望你们每个人好好看看这个小工友。他拥有在我们整个工厂及办公室内擦鞋的特权。他的前任男孩,年纪比他大得多,尽管公司每周补贴其五美元的薪水,而且工厂里有数千名员工,但他仍然无法从这个公司赚取足以维持他的生活的费用。

"这位小男孩不仅可以赚到相当不错的收入,既不需要公司补贴薪水,每周还可以存下一点钱来,而他和他的前任的工作环境完全相同,也在同一家工厂内,工作的对象也完全相同。

"现在,我问你们一个问题,那个前任男孩拉不到更多的生意,是谁的错?是他的错还是顾客的错?"

那些推销员回答说:

"当然了,是那个男孩的错。"

"正是如此。"查姆斯说,"现在我要告诉你们,你们现在推销收银机和一年前的情况完全相同:同样的地区、同样的对象以及同样的商业条件。但是,你们的销售成绩却比不上一年前。这是谁的错?是你们的错,还是顾客的错?"

推销员们异口同声地回答:

"是我们的错!"

结果,可想而知:他们成功了。

在事情开始前，不要抱怨问题、不要回避困难。任何一件事情，无论它有多么艰难，只要你认真去做，全力以赴去做，就能化难为易。与其把时间花在找借口上，不如把时间花到找方法上。

也许你经常说的一句话是"我以前从没那么做过"或"这个问题好像很复杂，很难解决"。这些话其实就是腐蚀你的慢性毒药，是慢慢吞噬你身体的响尾蛇。没错，在做事之前你可能会有一丝担忧，任何人都会一样。但是优秀的人从不找借口，他们唯一花时间的是寻求方法去完成事情。

不要让借口迷惑住自己，从而阻挡了我们前进的道路。每当做一件事情时，就应该想到这句话：有志者事竟成。

设立明确的"完成期限"

很多人都有这样的经验：如果上级在星期一布置了工作任务，要求在星期五之前交上来，同时强调最好是尽快完成，很多人从星期二到星期四几乎很难安下心来把任务完成并主动交上，总是在星期四晚上或星期五早上的时候才匆匆把任务赶完。同时在看似无所事事的前三天里，他们的内心一直备受煎熬——每天都在告诉自己：该行动了，时间不多了！可是，他们就是无法进入状态，同时又不断谴责自己没有效率，始终被负罪感包围着。如果上级布置工作任务时要求星期三之前交上来，即使不强调最好尽快完成，那么你也会在星期二之前把任务完成。这就是心理学中著名的"最后通牒效应"。

心理学家做过这样一个实验：让一个班的小学生阅读一篇课文。实验的第一阶段，没有规定时间，让他们自由阅读，结果全班平均用了 8 分钟才阅读完；第二阶段，规定他们必须在 5 分钟内读完，结果他们用了不到 5 分钟的时间就读完了。

对于不需要马上完成的任务，人们往往是在最后期限即将到来时才努力完成的情形，称为"最后通牒效应"。

心理学上的"最后通牒效应"说明了最后期限的设定是越提前越好的。这种心理效应反映了人类心理的某种拖拉倾向，即人们在从事一些活动时，当时间宽裕的时候，总感觉能拖就拖，但不能拖的情况下——例如当不允许准备的时候，或者已经到了规定的时间，人们基本上也能够完成任务。当给自己规定完成目标的最后期限时，我们应该尽量把最后期限往前赶，否则过于宽松的最后期限很多时候起不到提高工作效率的作用。

在工作中，我们应当善于为自己设定"最后期限"，任何事情如果没有时间限定，就如同开了一张空头支票。只有懂得用时间给自己施加压力才能保证准时完成任务。

要做到不拖延，最好自己制订每日的工作时间进度表，记下事情，定下期限。否则，下面的困境就很有可能发生在你身上。

曹睿是某公司的一个部门主管，他平时工作总喜欢把"不着急，还有时间""明天再说吧"这些话放在嘴边。

有一次，老板要去国外公干，并且要在一个国际性的商务会议上发表演说。曹睿负责一些资料的搜集和整理。刚接到这个任务时，曹睿并没有着急，他想搜集资料是很简单的，又不像写东西那么复杂，就一直没给自己设定完成的最后期限。

直到老板要出发的前一天，所有的主管都来送行，有人问曹睿："你负责的资料整理好了吗？"

曹睿很轻松地说："不用那么着急，老板要坐好长时间的飞机，反正这段时间是空闲的，资料要等到下飞机才用，我在飞机上做就是了。"

过了一会儿，老板来了，第一件事就是问曹睿："你负责整理的资料和数据呢？"

曹睿按照他的想法又跟老板说了一遍。老板听了他的回答，脸色大变："怎么会这样？我已经计划好了，利用在飞机上的时间，和同行的顾问按照这些资料研究一下这次的议题，不能白白浪费这么好的时间啊！"

听到老板的话，曹睿脸色一片惨白。

总是将"明天再说吧"挂在口头上的曹睿，由于没有设定完成目标的最后期限，失足在了一份简单的工作任务上。

任何事都必须受到时间的限制。为自己的事情设定最后期限，这会让我们行动起来以按时完成各项工作，并且激发我们自身的能动性。反之，没有时限的目标，会让人不自觉地拖延起来，让目标的实现之日变得遥遥无期。

如果没有时间的限定，不懂得为目标设定最后期限，那么就埋下了拖延的种子。只有善于给目标设定最后期限，懂得用时间给自己适当施加压力，才有助于自己以最快的速度行动起来。

以"当日事，当日毕"为标准

我们身边不乏这样一些人：总是在老板或领导的一次次督促下，拖上几天才会把工作做完；虽埋头于琐碎的日常事务，却在不经意间遗漏最重要的工作；整天忙忙碌碌，工作质量却无法令人满意；遇到问题虽然想解决，却总是没法在第一时间高效地完成任务。

"当日事，当日毕"可以很容易地解决拖延的问题，它使得"第一时间解决问题"能够深入每天的工作中。

凡是发展快且发展好的世界级公司，都是执行力强的公司，而他们奉行的是"当日事，当日毕"的原则。

比如以某著名家电品牌的售后服务来说，客户对任何员工提出的任何要求,无论是大事,还是"鸡毛蒜皮"的小事,员工必须在客户提出的当天给予答复,与客户就工作细节协商一致。然后毫不走样地按照协商的具体要求办理,办好后必须及时反馈给客户。如果遇到客户抱怨、投诉时,需在第一时间加以解决,自己不能解决时要及时汇报。正是基于这样的不拖延的态度,该家电品牌的市场份额才不断扩大。

"当日事,当日毕"追求的就是效率和结果,而几乎任何地方都迫切地需要那些能够做事不拖延的员工:不是等待别人安排工作,也不是把问题留到领导检查的时候再去做,而是主动去了解自己应该做什么,做好计划,然后全力以赴地去完成。

今天的工作今天必须完成,因为明天还会有新的工作。今天的事情拖到明天,只会让自己更被动,感觉头绪更乱、任务更重。只要在工作中努力去做到"当日事,当日毕",每天都坚持完成当日的工作,就会发现不但会按时完成任务,而且心理上会感觉很轻松。

"当日事,当日毕"的目标能促使你抓紧时间、马上进入工作状态,而做到"当日事,当日毕"则是一个小小的成就,会令你在今后的每一天更有信心将当天的工作做完做好,并争取第二天做得更好,不断超越自己、追求完美,并终将有所成就。

任何一个懒惰成性、整天把工作留给明天、被上司或者同事推着走的人,走到哪里都不会受欢迎。我们应当真正以"当日事,当日毕"的标准要求自己,全力以赴地做到,并以"当日事,当日毕"敦促自己不断进步。

下面列举几条做到"当日事,当日毕"的建议:

● 如果时间允许,在行动之前要反复冷静地思考,给自己充分思考解决问题的方法和步骤的时间,保证"一次就把事情做对",免得越忙越乱造成错误,返工改错又很容易出现新错误,让更多人跟着你忙,从而造成巨大的人力和物力损失。

●一旦做好计划,就立即行动,不要等待工作的外部条件十全十美。把握住现在,外界的不利条件可以在工作的过程中被不断改变,如果不能如愿,你只需要根据实际情况调整工作计划。

●不要浪费时间。今天应该干的工作绝不拖到明天,敦促自己在工作的过程中全力以赴、珍惜时间。

●不论心情好坏,每天早上都要将思想清零,从零开始有规律地持续工作。

●不要仅仅满足于做完工作,还要对自己提出在每天的工作中都要"进步一点点"的要求,并努力去达到。虽然达到自己"每天进步一点点"的要求可能要付出很多努力,但这会让你的自信心和工作能力不断得到增强,今后做事就能相对轻松一些。

●要有远见、有计划地工作,搜集可能对将来有用的情报,一点一滴地积累,以备不时之需。

远离那些懒散的"家伙"

如果你身处一个懒散的群体,你可能也会不自觉地变懒,进而因"懒"而致拖延。

有人这样说:"懒惰是传染病,只要你的身边有一个懒人,很快就会出现第二个、第三个,你也很快会变成其中的一分子。"的确如此,身边有了懒人,我们会不自觉地向他们看齐,否则内心往往会感到不平衡:凭什么我要做这么多的事,我也要学会偷懒。

当下很多企业,也窝藏一群懒人,上班踩着点,下班提前溜;凡事能躲则躲,能推则推,如果和这些懒散的"家伙"为伍,你迟早也会甘于平庸、不思进取。被誉为"世纪经理"的杰克·韦尔奇的经历多少能给我们一点启示。

1961 年，韦尔奇已经来到 GE 工作一年了，这时候，韦尔奇的顶头上司伯特·科普兰给他涨了 1000 美元工资，韦尔奇觉得还不错，他以为这是公司对有贡献的人的奖赏，他因而十分有干劲。但他很快发现他的同事们跟他拿的薪水差不多。知道这个情况后，韦尔奇一天比一天萎靡不振，终日牢骚满腹。

一天，时任 GE 新化学开发部的主管鲁本·加托夫将韦尔奇叫到自己的办公室，令他印象深刻的是这句话："韦尔奇，难道你不希望有一天能站到这个大舞台的中央吗？"

这次谈话被韦尔奇称为改变命运的一次谈话，后来当上执行总裁的韦尔奇也一直尊称加托夫为恩师。

韦尔奇决定让自己有一个根本性的改变，这时在他面前出现了一个机遇：一个经理因成绩突出被提拔到总部担任战略策划负责人，这样经理的职位就出现了空缺。我为什么不试试呢？韦尔奇想。

韦尔奇不想看着这个可以改变自己的机会从眼前溜走："为什么不让我试试鲍勃的位子？"韦尔奇开门见山地对他的领导说。

韦尔奇在领导的车上坐了一个多小时，试图说服他。最后，领导似乎明白了韦尔奇是多么需要用这份工作来证明自己能为公司做些什么，他对站在街边的韦尔奇大声说道："你是我认识的下属中，第一个向我要职位的人，我会记住你的。"

在接下来的 7 天里，韦尔奇不断地给领导打电话，列出他适合这个职位的其他原因。

一个星期后，加托夫打来电话，告诉他，他已被提升为塑料业务部门主管聚合物产品生产的经理。1968 年 6 月初，也就是韦尔奇进入 GE 的第 8 年，他被提升为主管 2600 万美元的塑料业务部的总经理。当时他年仅 33 岁，是这家大公司有史以来最年轻的总经理。

1981 年 4 月 1 日，杰克·韦尔奇终于凭借自己对公司的卓越贡献，稳稳地站到了董事长兼最高执行官的位子上，站到了 GE 这个大舞台的中央。

韦尔奇没有向平庸者们看齐，他不断进取，最终站到了公司内权力的最高点。然而，懒惰和懈怠只会将卓越的才华和创造性的智慧悉数吞噬，使人逐渐退步，甚至成为没有任何价值的员工。

不可否认的是，我们身边有很多懒人，他们或多或少对自己会造成一定的影响。不要把注意力放在这些人身上，关注他们只会让自己变得浮躁。如果你将注意力从他们身上转移的话，当你完成任务的时候，可能别人就在加班。我们不应该和"懒人"计较一些事情，这样会打击我们做事的积极性。

所以，我们不要轻易被懒人的言语和行为"诱惑"了，懒惰只会带来片刻的舒适，该做的事情拖延之后还终需解决，到最后终将会为自己的懒惰付出代价。"近朱者赤，近墨者黑"，我们要远离那些懒散的人，防止自己被他们所传染。

不因害怕失败而拖延

很多拖延者害怕自己的不足被发现，害怕付出最大的努力还是做得不够好，害怕达不到要求。这种恐惧失败的心理很可能让拖延成为"有效"的心理策略。

他们通过拖延来安慰自己，试图让别人相信他们的能力要大于其表现，他们会认为：自己的潜在能力是出色的、不可限量的。于是，有些人宁愿承受拖延所带来的痛苦后果，也不愿意承受努力之后却达不到要求所带来的羞辱。对他们来说，拖延比人们视其无能和无价值要容易忍受得多。

那些拖延的人往往还没有意识到他们是完美主义者。为了证明他们足够优秀，他们力求做到不可能做到的事情，但面对不现实的期盼，又会变得不知所措。失望之余，他们通过拖延让自己从中退却。

陈润学习成绩十分优异，并考入了一个竞争激烈的法律院校。毕业后，带着无比的自豪，他进入了一家颇具声望的律师事务所，他甚至希望自己最终能够成为事务所的合伙人之一。

终于，陈润参与到一个案件中，他对案件做了很多思考，但是不久他就开始延误很多该做的事情：必要的背景调查，约见客户，撰写案件小结等。他想要他准备的内容无懈可击，但是面对如此之多的线索，他感到简直无法承受，不论早晚，他都会陷入僵局。虽然每天依然很忙碌，但是他知道自己这些天没有做成任何事情。

这似乎有点儿令人匪夷所思，学校里优秀的陈润应该可以成为出色的律师，他为什么要通过拖延来回避自己梦寐以求的工作呢？最主要的原因在于他害怕失败，害怕失败的想法让他宁愿拖拖拉拉，也不愿自己的表现被人评判。

对陈润来说，他刚开始的工作是衡量自己是否具有作为一名好律师的能力，但如果没有被人刮目相看，那么他将会受到轻视。他认为自己无法承受这样的结局。

挪威著名戏剧家易卜生说："如果你怀疑自己，那么你的立足点确实不稳固了。"当你总是怀疑自己行不行、能不能，那么往往会影响到你做这件事的决心，甚至放弃做该事情，从而产生拖延行为。

这无疑是十分糟糕的，这种恐惧会让我们在做某些事情的时候变得懦弱，甚至变得懒散。当领导交给你一份工作，你怀疑自己做不好，担心在操作中出问题，你在工作中战战兢兢，当别人只需要一两天就能完成的工作，你却需要三四天甚至是一个星期，最终的结果就是不断地拖延。

临近下班时，聂小平把做好的方案传给了领导，心里终于松了一口气。在他看来，这个方案虽然没有体现出他真正的实力，看起来也没有多少亮点，但版面设计清晰、美观，还是有可取之处的。

第二天早上上班，聂小平就收到了领导发来的邮件，点开一看，也是一份创意策划书，这份策划书从故事构思，到文字表述，再到广告语，都体现出了创新性，很打动人。

"领导发给我这个是什么意思？"聂小平心想。

答案很快就揭晓了。领导叫聂小平到办公室，说："你看一下，这是新来的实习策划做的。这个策划案，他用了不到两天的时间，我觉得创意还是挺不错的。你的那个策划案可以借鉴学习一下。"

领导的意图再明显不过了，聂小平当时只觉得自己口干舌燥、内心烦乱，甚至有点压抑。这一刻，他甚至开始怀疑自身的能力了，自信心受到了严重的打击。在领导眼里，他这个公司的"老人"没能给领导一个漂亮的策划案，可新来的实习策划却做到了。

"为什么新来的策划都能做出来，我却做不出来？他就用了不到两天的时间，我却花了三四天的时间来看资料？是不是我的能力真的不如他？"这几乎成了聂小平的"心病"，折磨了聂小平很久。在后期修改和完善这个策划案时，他觉得自己一直找不到状态，几经拖延之后，这个方案仍然没有得到提升。

最后的方案由领导出面反复与客户协商，才勉强被对方接纳，可想而知，这样的结果对于聂小平而言，无疑是个"大跟头"。聂小平在后来修改方案的过程中不断拖延，最终还是没有让客户满意，主要原因在于他对自己能力的质疑。因为对自己能力的不自信，致使他不能完全放开手脚、集中心思去修改方案，而他的潜在能力也被束缚了。

如果我们在做一件事情的时候失败了，如果我们过度在意成败或对自己深切自责，便会产生挫败感，继而产生逃避心理并养成拖延的习惯。我们所需要做的是，减少对自己的怀疑，提升做事的效率，避免因此而产生的拖延。